JN001287

企業が求めるデジタルスキル資格

データサイエンス数学ストラテジスト

上級 公式問題集

公益財団法人
日本数学検定協会 著

日経BP

推薦の言葉

データ駆動社会では「数」の背景に目配りすることが大事

現代社会ではデジタルトランスフォーメーション（DX）やSociety5.0など，IT（Information Technology）技術を活用した変革が求められています。その基本は，データ駆動型社会であり，理系だけでなく，文系においてもデータサイエンスの素養が必要とされています。

何かことを始めるときに重要なのは，根拠の確かな事実（fact）に基づき，現状を整理することです。そして，基本は数値データを出発点とすることです。数値に勝る詭弁などないからです。百の言葉で粉飾を企図しても，数値データによって退治できます。

数値データ

誰かが「今日は寒いですね」と言ったとしましょう。しかし，「寒い」「暑い」は人によって感じ方が違います。「今日の気温は18℃です」と数値データを示せば，万人に共通の指標となります。これならば明確です。

企業や組織のプロジェクトにおいて何かを決断する際にも，思い込みではなく，数値データを基礎に置くことが重要です。データサイエンスの第一歩はデータの数値化です。そして，普段から「数」を意識することも大切です。

データを吟味する力

ただし，もう一歩深めるのであれば，数値データの正当性を確かめることも重要です。誰かが，「18℃という温度表示がおかしいのでは」と疑問を口にするかもしれません。

プロジェクトで使う数値は，確かな根拠に基づくものでなければなりません。よって，温度表示の数値がずれている可能性にも目を向ける必要があるのです。「数」に支配されるのではなく，「数」を常に吟味する姿勢もデータ管理には必要です。

ある企業の研究所で，実験データが過去のものと大きく異なるという事態が発生しました。製品開発にも影響します。1か月調査して分かったのが，電気炉の温度設定が10℃も異なっていたという事実です。温度計の較正が狂っていたのです。このように，計器の数値をまるのみしないこと，つまり「数を絶対視しない」という姿勢も必要です。そのためには，普段から「数」に触れることも大切です。

また，これは政府機関の依頼で動向調査をしているシンクタンクのミーティングでのことです。予想通りの結果が出たとメンバーが安堵していたところ，参加者から疑問が寄せられました。調査結果の表にある人数の総数が，調査した人数と合っていないという指摘です。高度な分析ソフトを使っており，問題はないはずだと分析メンバーは主張しました。しかし，人数が合っていないことは確かです。

再度調べた結果，データ解析の過程で「÷3」という操作が入っていたことが原因と分かったのです。人間は「1/3」という分数を簡単に扱い，3×（1/3）=1と計算できますが，コンピューターでは3×0.333...=0.999...という計算をします。この端数がめぐりめぐって人数の誤差へとつながっていたのです。これに気づかずに，そのまま調査結果を報告していたら，調査人数と報告人数の違いを指摘され，このシンクタンクは信用を失っていたかもしれません。

このように「数値データ」はとても大切ですが，データをうのみにするのではなく，それを吟味する力も必要です。このためには，高等数学が必要でしょうか。実はそうではありません。技能としては，四則計算で十分です。むしろ，普段から「数」に親しむことが重要です。いまのデータ駆動型社会に求められる人材は，このように「数」の背景に目配りができる存在です。高度な解析ソフトを使って出した結果だから「間違いがあるはずはない」と主張する人はデータサイエンティストとして不合格です。

自分で数値を扱う

次のステップは，自分で数値データを取り扱ってみることです。この処理も，手計算でも十分です。もちろん，電卓やMicrosoft Excel® などの身近な表計算ソフトを使ってみるのも一案です。そして，いろいろな事例に向き合い，数の計算になれることが重要なのです。

実例で考えてみましょう。ある2つのクラスの生徒たちが10点満点のテストを受け，その評価をすることになりました。点数の平均を計算してみると，同じ6となりました。それならば，両クラスの成績に差はないという結論でよいでしょうか。

まず，集団の比較をするときに，平均値を用いることは解析の第一歩です。しかし，データ解析の立場からは，この情報では不十分なことは明らかです。ここでは簡単のために，各クラスの生徒の数をそれぞれ3人としてみます。そして，点数を抜き出してみると，Aクラスは（5，7，6），Bクラスは（9，9，0）でした。それぞれのクラスの平均点を計算すると

Aクラス・・・(5+7+6)／3=6
Bクラス・・・(9+9+0)／3=6

となり，確かに平均点は6と両クラスで同じになりますので，両者に有為な差はないという結論でよいのでしょうか。もちろん，この判定には無理があります。なぜなら，点数分布が明らかに異なっているからです。どうみても，Bクラスのほうのばらつきが大きいです。

数値データを処理する

それならば，平均点からの偏差を比較したらどうでしょうか。するとAクラスでは（−1，+1，0）となり，Bクラスでは（+3，+3，−6）となって，ばらつきがBクラスのほうが大きいことが分かります。よって，Bクラスの生徒の実力の偏りが大きいと考えられます。

しかし，3個のデータであれば簡単ですが，データ数が増えたときに，同様の手法を使うのには無理があります。そこで，数値のばらつきを，ひとつの数値データとして示せれば便利です。このために，まず，偏差の和をとってみます。すると

Aクラス・・・−1+1+0=0
Bクラス・・・+3+3−6=0

のように，どちらも0となって使いものになりません。実は，平均点からの偏差の和を計算すれば，必ず0となります。よって，この数値は使えません。

これを回避するために，偏差の絶対値をとり，それを生徒の数で割ればよいのではないでしょうか。すると

Aクラス・・・(1＋1＋0)／3＝2／3≅0.67
Bクラス・・・(3＋3＋6)／3＝4

となり，Aクラスの偏差は0.67，Bクラスは4となりますから，クラスBのほうの成績の偏りが大きいことが一目瞭然です。これを平均偏差と呼んでいます。ただし，実際には，偏差を2乗して平方根をとる標準偏差のほうが一般的です。

このようなデータ解析を自分で行ってみると視野が広がります。さらに，統計の手法を使うと，この他にもいろいろな解析ができ，数字が生きるのです。例えば，30人以上の人が集まると正規分布に従い，能力分布は，おおよそ2：6：2になると言われています。この事実が分かっているだけで，いろいろなことに対処することができます。

データの信頼性を吟味する力

ところで，3人ではなく，最初のふたりのデータを抜き出した場合，Aクラスでは(5，7)，Bクラスでは（9，9）となり，平均点は6と9となって，先ほどとは，まったく異なる様相を示します。よって，本来は全生徒のデータを集めて解析することが必要です。ただし，対象の数が多いとそれができません。そのため，ある集団からデータを抽出して解析するのが一般的なのです。

この操作をサンプリングと呼んでいます。もちろん，サンプル数を増やせば，本来のデータに近くなります。ただし，例えば，対象が日本国民となると，データ数が約1億2000万と大きくなります。信頼性を高めるために，サンプル数をいたずらに増やしたのでは，データ処理に時間がかかります。このため，どの程度のデータ数を集めれば信頼できるかということも標準化されているのです。

実は，マスコミ報道などで発表される数値はデータ数が不十分で，信頼性が高くないものも含まれています。例えば，政党の支持率や，テレビ番組の視聴率など，どのような調査方法を用いたかによって値も信頼性も異なります。

教育の国際比較で日本は苦戦しているという報道がありました。TOEIC® の平均点

数でも，日本はアジア地区で低迷しています。しかし，ここでも「数」の吟味が必要です。例えば，日本では，全国規模で一斉試験ができます。このため日本全体を反映したデータとなります。しかし，他国では，そもそも裕福な家庭の子供しか学校に通えない国もあります。また，受験者を優秀成績者に限定しているところもあります。日本でも，調査テストの際に成績不良者を欠席させるという手法で，平均点を上げていた学校もありました。先ほどのBクラスでも，0点をとる生徒を欠席させれば，平均点は大きく上昇します。

ところで，(9，9，0) という分布を正しいとして解析してきましたが，点数が0というのは異常です。例えば，この生徒の体調が試験時に悪くなかったか，採点に間違いがなかったなどの可能性も検討する必要があります。

このように，数字の裏に潜むトリックに気づくこともデータサイエンティストには大切です。根拠のある信頼できるデータに基づく議論が重要だからです。そして，実際に自分で数値データの処理を経験していれば，課題も含めて，いろいろな側面が見えてきます。文系の人にとっても難しい作業ではありません。

データを扱う人は，日頃からこのような作業を訓練することも重要です。数字に触れることがなにより大切なのです。また，そのために必要なスキルは，四則計算であることも認識すべきです。高度な数学理論を修得していなければデータは扱えないということはありません。基本は，たし算，ひき算，かけ算，わり算などをしっかりこなす力です。

そのうえで，可能であれば資格取得を目指してみましょう。人は，何か明確な目標があれば，それに向けて努力することができるからです。ぜひ，「データサイエンス数学ストラテジスト」にチャレンジしてみてください。あなたの新しい未来が開けるはずです。

芝浦工業大学
前学長　**村上雅人**

※Microsoft および Excel は，米国Microsoft Corporation の，米国およびその他の国における登録商標または商標です。

※TOEIC は，米国Educational Testing Service（ETS）の登録商標です。

まえがき

DXが変えるビジネススキル

仕事で役立つスキルといえば，文章力，読解力，コミュニケーションスキルなどのほか，リーダーになればビジネス思考，コーチング，交渉力など，いろいろあります。もちろん，これですべてではありませんし，業界特有のスキルもたくさんあります。こうしたスキルは，ここ数十年で多少は変化しましたが，大きな変化はありませんでした。

しかしここにきて，ビジネスパーソンに求められる「基本スキル」が大きく変化しようとしています。その背景にあるのは「デジタル技術」の進化です。「AI（人工知能）」や「ビッグデータ」といった言葉を聞いたことがあると思います。難しそうな言葉で自分に関係するとは思わなかった人もいるかもしれませんが，こうしたデジタル技術は科学者や技術者のためにあるのではなく，世の中をより良くするためにあるのです。そして実際，社会を，仕事を，私たちの生活を，変えようとしています。

すべてがデジタル化される未来

デジタル技術による変化を，一部の人たちは「アフターデジタル」という言葉で表現しています。それは，「すべてがデジタル化し，従来のアナログな部分もデジタルに取り込まれる」という意味です。「すべてがデジタル化する」と聞いてSFのように感じた人がいるかもしれませんが，身の回りで起きている変化は確実にそこに向かっています。

例えば，キャッシュレス決済はお金の取引のデジタル化です。無人店舗では，誰がいつ入店し，どの商品を手に取って購入したかということが，すべてデジタル化されます。街中にはカメラがあり，誰がどこを歩いているかもデジタル化されます。気が付けば，私たちの行動はすべてデジタル化されていきます。これはほんの一部ですが，「すべてがデジタルになる」世界は，確実に近づいているのです。

もちろん，ビジネスのデジタル化も進んでいます。「ビジネスのデジタル化」と聞いて，これまでも「業務でITを使ってきた」とか，「ネットを活用してビジネスをしてきた」といったことを思い浮かべる人もいると思いますが，注意したいのは，今起きている

「デジタル化」はそれらとは明らかにレベルの違う話です。社会の根本的な部分がデジタル化されるのであり，デジタルを「活用」するのではありません。もちろん，「ITリテラシーが大事」といった捉え方では全く不十分です。

今起きていることは，デジタルありきですべてを考え直すということです。ビジネスも，それを支える業務もです。これまで「人」ありきで考えてきたビジネスや業務をデジタルありきで考え直し，業務改革をしたり，事業変革をしたりする。これこそが，「DX（デジタルトランスフォーメーション）」なのです。

「AIと一緒に働く」のが標準的な仕事のスタイル

ここまで，「アフターデジタル」「DX」という大きな変化が起こっていることを説明しました。では，このような変化を受けて，ビジネスパーソンのスキルはどのように変化するのでしょうか。それは，「デジタル化とは本質的に何か」を考えれば答えは出てきます。

デジタル化の本質は「データ化」です。データ化とは，コンピューターで処理したり分析したりできることを意味します。会社の業務がデジタル化されるということは，「業務＝データ処理」になるということです。これは，単純な業務だけが対象ではありません。「業務上の判断」は「データに基づいた分析」になります。さらに，長年の業務経験があって初めて判断できるようなことであっても，データである以上分析可能です。おそらく膨大なデータを使って高度な分析が必要になるでしょうが，そうした領域にはAIがあります。

一時期，「AIに仕事を奪われる」との警鐘が鳴らされました。これは，「従来の多くの仕事はAIによって代替可能で，人は，従来とは違う仕事をするようになる」と解釈するのが正しいと思います。では，人はどのような仕事をするのでしょうか。業務内容はさておき，仕事のスタイルは「AIと一緒に働く」「AIが得意なところはAIに任せる」ようになるでしょう。実感はないかもしれませんが，これが，これからの「標準的な仕事」のスタイルです。

学校教育の数学をビジネススキルとして体系立てる

この「標準的な仕事」をするのに必要なスキルを掘り下げてみましょう。例えば，データを分析するには大量のデータを図にして可視化することが必要で，単純な棒グラフや折れ線グラフだけでなく，散布図やヒートマップなどの図表化スキルが求められます。そのほか，回帰分析やヒストグラムなどの手法を学ぶ必要もあるでしょう。

データを活用するには，確率統計が基本となりますが，線形代数，微分積分などを学ぶことによって高度な分析を行うための根幹を身につけることができます。AIと一緒に仕事をするには，基本的なアルゴリズムのほか，機械学習の基本やニューラルネットワークの原理などを知っておくことが大事です。

いずれも，学校教育でいえば「数学」の分野に入るものです。つまり，これからのビジネスパーソンにとって，「数学」はより重要になるのです。ジャンルによってはやや高度な知識が必要ですが，学校教育の数学のすべてが必要になるわけではありません。忙しいビジネスパーソンが中学数学からすべて学び直すというのは現実的ではなく，求められるのは，ビジネスパーソンに求められるスキルを，学校教育の数学と結び付け，効率よく，無駄なく学習できるように体系立てることです。それこそが，本書の『データサイエンス数学ストラテジスト』資格制度です。

理系科目が不得意な人でもなれる

「デジタル化」はもちろん日本だけで起こっているのではなく，世界のトレンドです。このトレンドに乗り遅れると日本は世界から取り残されてしまいますので，国も教育界も人材のスキルシフトに本腰を入れ始め，「データサイエンス人材」を増やそうと躍起になっています。『データサイエンス数学ストラテジスト』資格制度は，こうした流れに乗ったものです。

言葉として似ている人材像に「データサイエンティスト」があります。誤解がないようにしておくと，『データサイエンス数学ストラテジスト』資格制度は，「データサイエンティスト」と無関係ではありませんが，データサイエンティストを育成する制度ではありません。データサイエンス数学ストラテジストはすべてのビジネスパーソンが目指す人材像であり，目指す姿は「データ分析できる」「データ活用できる」「AIと一緒に仕事ができる」人材です。AIと一緒に仕事をするのに，データサイエンティストのような高度なスキルは必要ではありません。何をAIに任せるべきかを判断し，実際にAIに任せ，AIが出した結果を活用すればいいのです。

「データサイエンティスト」を目指す人はもちろん必要ですが，ハードルが高いのも事実です。それに対して「データサイエンス数学ストラテジスト」は，すべてのビジネスパーソンが一定の学習で習得できるように考えられています。たとえ理系科目が不得意な人であっても，一定の学習をすれば習得可能なはずです。

将来は，すべてのビジネスパーソンがデータサイエンス数学ストラテジストでもある。そうした未来は「あるべき姿」のように思います。逆にそうしなければ，日本は世界のトレンドからどんどん取り残されてしまいかねません。本書を手に取られたみなさんには『データサイエンス数学ストラテジスト』になっていただき，それぞれの企業で周りをリードする存在になってもらいたいと思います。

日経BP　技術メディアユニット
編集委員　**松山貴之**

まえがき

仕事で使う「データサイエンス基礎理論」

ビジネスパーソンにとって，データサイエンスの基礎理論にあたる「数学」を学ぶ意義は何でしょうか。市販されているデータ分析ツールはその中身の仕組みを知らなくても使うことは可能ですし，プログラミングができなくても，AIの理論的背景を知らずともAIツールを使うことはできます。ただ，ツールは万能ではありませんし，ツールを使うことと業務に役立つことはイコールではありません。ツールを使う側がデータサイエンスの基礎理論を習得しているかどうかによって，実は大きな違いを生み出すのです。

まず，基礎理論を身につけていれば，データ分析／AIツールによる結果を的確に人に説明できるようになります。「ツールが出した結果なのでこれが正解です」と説明されても，説明を受けた側は納得できるものではありません。ツールの結果を業務に生かすには理論的背景が欠かせないのです。もう1つは，ツールをより効果的に使いこなせるようになります。世の中のデータ分析／AIツールは非常に優秀で多くの分析課題を解決することができますが，残念ながら現時点で100％の問題を解くことはできません。そこで，ツールを使う側がデータサイエンスの理論的背景を加えることで，より効果的に使うことができるようになるのです。

データ分析をする上で特に学んでおきたい数学の分野は，「確率・統計」「線形代数」「微分積分」です。「確率・統計」では，主に分布を活用して，モノゴトの振る舞いを数式で表現（数理モデル化）することができます。「線形代数」「微分積分」はコンピューターを使った計算をするうえで必要な知識です。数理モデル化した問題をコンピューターに解かせるには，これらの理論を活用します。

また，2022年度から実施される高等学校の次期学習指導要領では数学Bの「統計的な推測」に「仮説検定の方法」が加わり，数学Ⅰの「データの分析」に「仮説検定の考え方」が加わります。プログラミング教育は，すでに小学校のカリキュラムに取り入れられています。これらはデータ分析やAI活用に関係する数学基礎です。つまり，これから5年後，10年後を想像すると，上司が学校で教わっていない数学基礎に慣れ親しんだ世代が部下として配属されるようになるのです。そうした若手と同じ土俵で会話するには，数学的基礎の用語の意味合いや使い方など，最低限の知識を身につけ，慣れておく必要があると思われます。

以下では，「データ観察・可視化・分析」「数学基礎」「アルゴリズム」「機械学習基礎」「深層学習基礎」に分けて，数学の基礎が業務で活用する具体的な例を説明します。

データ観察・可視化・分析

例えば，「月間労働時間」と「会社への満足度」のデータがあり，それらの関係性を表現したいとします。このような場合，散布図による可視化が有効です。ツールを使えばマウス操作だけで，散布図をはじめとした多くの種類のグラフを簡単に作成することができます。ただし，散布図としてデータをプロットするだけでは，関係がありそうだとはわかっても，「どのくらい関係があるか」を定量的に示すことはできません。

そうした場合，回帰直線を描画してみるだけでぐっと解釈しやすくなります。y=ax+bという一次関数（yが満足度，aが回帰係数でxが月間労働時間，bが切片）によって，月間労働時間が1時間増加した場合の社員の満足度の変化を推し量ることができます。また，月労働時間と満足度の関係性が，月平均労働時間を超えている社員とそうでない社員で異なるということもありえます（みんなが残業しているならば頑張れるが，1人だけ残業をしていると不満がたまるといったイメージです）。

そうした場合，労働時間と平均労働時間の差をとることで，関係性がより鮮明に見えることもあるのです。その他にも，同じ平均でも調和平均や二乗平均が有効な場合など，そのデータに応じた前処理をしてやることで，分析結果がより精緻なものとなっていきます。精緻な分析のためには，適切な前処理を選択する必要がありますが，そのときにも理論が力を貸してくれるのです。

数学基礎

次に，こんな例を考えてみましょう。あなたの部下に能力が全く同じAさんとBさんがいたとして，どちらにどれだけ仕事を任せるかを決めるとします。Aさんに100%でも，AさんとBさんに50%分ずつでも，どちらであっても仕事は終わるので，人であれば「決めの話だよね」と判断してしまうことができますが，コンピューターはそういうわけにはいきません。このように極めて相関の強い2変数が存在することを「多重共線性」と呼びます。コンピューターは「決めの問題だよね」と判断することはできないので，次に説明する「アルゴリズム」で工夫するか，人間が最初からどちらかだけ選んでおく（どちらかを除外する）などの方法が考えられます。ちょっとしたことかもしれませんが，このようにコンピューターには苦手な分野があり，それを知っていなければ対処できず途方に暮れてしまうかもしれません。

その他，「線形代数」や「微分積分」などの考え方は，ビジネスでモノゴトを考える際の思考ツールとなります。例えば，線形代数でのベクトルのある２点を座標上で表現すると，似たものであれば，互いに近い点に置かれ，ベクトルの向きも同じ方向になります。つまり，各点と原点を結んだ角度は0度に近くなります。一方，全く似ていなければ90度の角度になります。このようにベクトルという表現でデータが似ているか似ていないかを図で表現することができるという特徴があります。

高校で習う微分は変化量を示すものとも考えられます。つまり，微分を計算できれば，モノゴトの変化量を把握することができます。直接的に計算しなければならない機会はあまりないかもしれませんが，そういった思考方法を身につけることで別の発想が得られるかもしれません。

アルゴリズム

AIツールをビジネスで活用していると，「いつまでたってもツールから答えが返ってこない」といった場面にぶつかることがあります。データ量が多すぎたり，時間のかかる処理をしたりするとこうしたことが起きますが，AIツールはなぜ止まっているかを教えてくれるとは限りません。そんなとき，AIの使い手であるみなさんがAIの“お医者さん”になる必要があります。そのためには「アルゴリズム」の知識が不可欠です。

例えば，あなたがある小売店の社員だとして，（A）全国にある自社の店舗と（B）全国の市町村の人口データを持っていたとします。（A）（B）のデータがそれぞれランダムに並んでいる場合，各店舗とそれぞれの市町村の人口をひも付けるのはとても大変です。大変というのは計算処理が多く時間がかかるということです。データの量や並び方によって計算時間が異なるといったアルゴリズムの基礎を知っていれば，「ランダムな並び順のデータなので計算に時間がかかりAIが止まってしまったように見えているんだ」とわかりますが，背景知識がないと原因にたどりつけないかもしれません。

機械学習基礎

機械学習や統計モデルには予測・分類・強化学習の3種類があり，それぞれに対して複数の手法が存在します。例えば，「ロジスティック回帰」は各要素の「確からしさ」がわかりますし，「決定木」は複数要素による「交互作用効果（ある要素と別の要素を組み合わせることでより傾向が強く出る効果）を捉えやすい」という特徴があります。

ビジネスの世界におけるデータ分析では，ロジスティック回帰や決定木を頻繁に使います。例えば，あなたが通販会社でデータ分析を担当していて，どの顧客に対してDMを送付するのが効果的なのかを判断する必要があるとします。これまで購入してくれた顧客リストの中からターゲットを絞り込んでいく際，機械学習的な「ランダムフォレスト」や「SVM（サポートベクターマシン）」などの手法を使えば精度を高めていくことが可能ですが，実際にはDMにそのターゲットに刺さるようなメッセージが必要であるため，ロジスティック回帰などのように「何の変数」が強く影響しているのかを知り，決定木分析で顧客のイメージを想像していくことが極めて重要となります。その際，分析ツールやPythonのライブラリなどを使えば「パパっと」できてしまいますが，その裏側で実施していることをイメージできれば分析に奥深さが出てくるでしょう。

深層学習基礎

現在のAIは人間の脳をモデルにしたニューラルネットワークをベース作られています。これを「深層学習」と呼び，人間と同様に，深層学習にもいろいろなタイプがあります。画像に強いタイプ，文章に強いタイプなどです。また，人間と同様に深層学習は学習しないといけないのですが，深層学習はその学習に時間がかかり，多くの「教師データ」（教材のようなもの）が必要です。しかし，これらは常に用意できるとは限りません。

例えば，深層学習で猫を見分けるには，様々な種類，大きさ，色の猫の画像が必要です。囲碁や将棋の世界でもAIは浸透していますが，これらのAIには莫大な学習時間が必要で，一個人の環境ではなかなか用意できません。そんな時に有効なのが「学習済みモデル」です。学習済みモデルはその名の通り，すでに学習を行ったあとのモデルですので，学習時間が非常に短くて済みます。先程の猫の例でいえば，学習済みモデルを使えばほとんど追加学習なしに猫を判別できるようになります。

ただし，これにも注意が必要です。学習済みモデルは未学習のものに対しては適用できないことがあります。例えば，英語の文章を学んだ学習済みモデルは，日本語には適用できません。さらにいうと，日本語の文章を学んだ学習済みモデルでも，専門用語の多い文章は読めないことがあります。

さて，ここまでAIを説明したことで，AIと一緒に働くビジネスパーソンが身につけないといけないことが見えてきたと思います。このAIはどういったモデルで，どういったことに強くて，何に弱いのか，事前にどんなことが必要なのかといったことを理解しておくことが必要なのです。AIではどこまで適用可能なのか，その肌感覚を得るには，理論的背景を学ぶことはとても有効なのです。

三井住友海上火災保険株式会社　デジタル戦略部
データサイエンティスト
木田浩理　伊藤豪　高階勇人　山田紘史　安田浩平

information

「データサイエンス数学ストラテジスト 上級」資格のご案内

データサイエンスを主とした事業戦略・施策（データの把握や分析など）においては，実は“数学的なリテラシー”が必要とされています。これまで私たちは，算数・数学に関する検定事業や算数・数学への興味関心を高める普及活動で実用的な数学を推奨してきました。本資格は，データサイエンスの基盤となる，基礎的な数学（確率統計・線形代数・微積分）と実践的な数学（機械学習系・プログラミング系・ビジネス系数学）の２つを合わせて体系化した“データサイエンス数学”に関する知識とそれを活用できるコンサルティング力を兼ね備えた専門家として，一定の水準に達した方に「データサイエンス数学ストラテジスト」の称号を認定するものです。

■試験概要

データサイエンス数学ストラテジストには，「データサイエンス数学ストラテジスト中級」「データサイエンス数学ストラテジスト 上級」の２つの階級が用意されています。

◆データサイエンス数学ストラテジスト 中級

対象の目安　：　社会人，大学生，高校生

数学のレベル：　数学Ⅰ・Aまで

問題数　　　：　30問（5者択一問題）

試験時間　　：　90分

合格基準　　：　60%（18問）以上

合格者の想定レベル：データサイエンスに必要なデータサイエンス数学の基礎を理解し，業務データや市場データを数値的に解釈して，関係者と価値を共有し，ビジネス課題の解決に貢献できる

◆データサイエンス数学ストラテジスト 上級

対象の目安　：　社会人，大学生，高校生

数学のレベル：　大学初学年程度まで

問題数　　　：　40問（5者択一問題）

試験時間　　：　120分

合格基準　　：　70%（28問）以上

合格者の想定レベル：データサイエンスを主とした事業戦略・施策に関わるデータサイエンス数学の一定の知識を活用し，戦略・施策の実現方法を検討および提案できる

■資格到達目標

各領域		到達目標
領域1	データ 集計・分析	データサイエンスに必要なデータの集計・分析手法の理解・習熟 • データ分析目的の設定，データの収集・加工・集計，比較対象の選定 • データのばらつき度合，傾向・関連・特異点の把握 • 時系列データ，クロスセクションデータ，パネルデータの理解 • 目的に応じた図表化･可視化（棒グラフ，折線グラフ，散布図）　など
領域2	数学基礎	データサイエンス戦略・施策に必要な数学の基礎 ■算数・中学校数学分野 • 四則計算，グラフ，比例と反比例，単位あたりの大きさ，文字式の計算，方程式，1次関数，三平方の定理，思考力を測る問題 ■確率統計系分野 • 平均値・中央値・最頻値，分散，標準偏差，統計基礎 • 割合，順列・組合せ，二項定理，確率，確率分布 • データの分析，資料の整理・活用，標本調査 ■線形代数系分野 • ベクトルの演算（和とスカラー倍，内積） • 行列の演算（和とスカラー倍，積），行列式 • 固有値と固有ベクトル ■微分積分系分野 • 指数関数，対数関数，三角関数，2次・多項式関数，写像 • 数列，関数と極限，微分・積分 • 偏微分，重積分，微分方程式の基礎　など

各領域		到達目標
領域３	機械学習基礎	データサイエンス戦略・施策に必要な機械学習の基礎 • 基礎的な理論（活性化関数，距離による類似度，最小二乗法） • 教師あり学習（回帰（回帰直線），分類（線形識別・混同行列）） • 教師なし学習（クラスタリング，次元削減） • 関連研究分野（自然言語処理，データマイニング）　など
領域４	深層学習基礎	データサイエンス戦略・施策に必要な深層学習の基礎 • ニューラルネットワークの原理，勾配降下法 • ディープニューラルネットワーク（DNN） • 畳み込みニューラルネットワーク（CNN）　など
領域５	アルゴリズム・プログラミング的思考	データサイエンス戦略・施策に必要なアルゴリズム，プログラミング的思考 • アルゴリズム（探索・ソート・暗号），計算量理論 • 特定のプログラミング言語に依存しない手続き型思考，情報理論　など
領域６	数学的課題解決	論理的思考と数学的発想を用いて課題を解決に導く • 課題から解答まで矛盾なく導く論理性，一貫性 • 課題を読み取り，規則性・法則性を発見
領域７	コンサルティング	ビジネスシーンでのデータサイエンス戦略・施策の実現方法の検討，提案 • 顧客，ステークホルダーの要望・意見を聞くコミュニケーション力 • 戦略・施策の実現方法を検討し，提案するプレゼンテーション力

■試験内容

以下の4つのジャンル（学習分野）から構成されています。

ジャンル① AI・データサイエンスを支える **計算能力と数学的理論の理解**	ジャンル② 機械学習・深層学習の **数学的理論の理解**
• 確率統計系分野（統計・確率・場合の数 など） • 線形代数系分野（行列・ベクトル など） • 微分積分系分野（微積分・関数・写像 など）	• 基礎理論（活性化関数・類似度・最小二乗法） • 機械学習（回帰・分類・クラスタリング など） • 深層学習（ニューラルネットワーク など）
ジャンル③ アルゴリズム・プログラミングに必要な **数学リテラシー**	ジャンル④ ビジネスにおいて **数学技能を活用する能力**
• アルゴリズム（探索・ソート・暗号，計算量） • プログラミング言語に依存しない手続き型思考 • 数学的課題解決（論理的思考＋数学的発想）	• 把握力（データ・グラフの特徴の把握 など） • 分析力（売上・損益等財務的な分析 など） • 予測力（データに基づいた業績予測 など）

■出題範囲

各階級の出題範囲は，各ジャンル説明の冒頭に記載

■出題形式

項目	内容
受験環境	コンピューター上で多肢選択に解答するIBT（Internet Based Testing）形式
問題配分 ※（　）は中級	① AI・データサイエンスを支える計算能力と数学的理論の理解：50% ② 機械学習・深層学習の数学的理論の理解：25%（16.7%） ③ アルゴリズム・プログラミングに必要な数学リテラシー：12.5%（16.7%） ④ ビジネスにおいて数学技能を活用する能力：12.5%（16.7%）

■受験の際に必要な持ち物

試験はインターネット上で行われますが，試験の際には以下の持ち物をご用意ください。

- 筆記用具
- 計算用紙
- 電卓または関数電卓
- 表計算ソフト（必要に応じて）

■試験結果

試験終了直後に，合否判定などの試験結果が画面上に表示されます。「合格」「不合格」のほか，総得点，マトリクス図（前述のジャンル①の得点を縦軸，ジャンル②～④の合計得点を横軸として得点状況の偏り具合を視覚化），評価コメントなどが試験結果として表示されます。

■試験方法

データサイエンス数学ストラテジスト試験の詳細，および申込方法は，2021年9月頃，Web上にて掲載予定

資格についての詳細はこちら　https://ds.su-gaku.biz/

■資格に関するお問い合わせ先

公益財団法人 日本数学検定協会

〒110-0005　東京都台東区上野5-1-1 文昌堂ビル 6階

TEL：03-5812-8340

受付時間：月～金 10:00 ～ 16:00（祝日，年末年始，当協会の休業日を除く）

本書の読み方，使い方

本書は「データサイエンス数学ストラテジスト 上級」相当の問題を学習し，本試験問題を解く力，考え方を身につけるためのテキストです。

データサイエンス数学ストラテジストを構成する４つの学習分野「①基礎的な数学」「②機械学習系数学」「③プログラミング系数学」「④ビジネス系数学」を含めて，上級試験2回分の全80問の問題を掲載しています。問題はそれぞれ１問完結型になっており，解く順番は自由です。

それぞれの問題は，大きく「問題」「考え方」「解説」の３ステップで構成されています。本書の「問題」を解き，「考え方」や「解説」を読み，繰り返し学習することで，データサイエンス数学ストラテジスト 上級相当の基礎となるスキル，思考プロセスを身につけることができます。さらに，一部の問題には，以下で説明する「ワンポイント」や「適用分野」を記載しています。

ステップ１＝問題

「データサイエンス数学ストラテジスト 上級」相当の類似問題です。まずは自力で問題を解いて，選択肢を選んでみましょう。1問あたりの制限時間の目安は3分です。

ステップ２＝考え方

正解を導くためのヒントとなる考え方を示しています。初学者の方は，本問題を解くためにはどのように考えればよいか，問題へのアプローチの仕方の参考としてください。

ステップ３＝解説

本問題に対する解説を示しています。問題を解けなかった人は，解説を読んで解き方を理解し，繰り返し学習しましょう。問題を解けた人も，なんとなくではなく，適切に解けたかをしっかり確認してください。

以下は，一部の問題で掲載しています。

補足１＝ワンポイント

本問題の重要な点，関連する内容について，新たに説明を追記しています。さらに深い知識や関連の知識を押さえることができます。

補足２＝適用分野（ジャンル①のみ）

本問題が実際にどのような分野に適用されるかをキーワードで示しています。

本書をひととおり読み終えたら，あなたのデータサイエンス数学ストラテジストに関する力は，飛躍的に高まっているはずです。自身のスキルレベルを把握するためにも，ぜひ，「データサイエンス数学ストラテジスト」資格にチャレンジしてみましょう。資格を取得することは，あくまでもスキルアップの１ステップにすぎません。身につけたデータサイエンス数学ストラテジストの力を実際のビジネス現場で活用することが，みなさんの最終ゴールです。データサイエンスを主とした事業戦略・施策に関わるデータサイエンス数学の一定の知識を活用し，戦略・施策の実現方法を検討および提案できるビジネスパーソンを目指し，早速，データサイエンス数学ストラテジストの力を高める一歩を踏み出しましょう。

目次

推薦の言葉　芝浦工業大学 前学長 村上雅人……2
まえがき　(1) 株式会社 日経BP 松山貴之……7
(2) 三井住友海上火災保険株式会社　デジタル戦略部
データサイエンティスト
木田浩理　伊藤豪　高階勇人　山田紘史　安田浩平……11

「データサイエンス数学ストラテジスト 上級」資格のご案内……16
本書の読み方，使い方……21

第1章　ジャンル①
AI・データサイエンスを支える計算能力と数学的理論の理解……27

introduction　数学力（ジャンル①）はなぜ必要か？……28
問題**1**　2次方程式は確実に解こう！……30
問題**2**　円周上の点から多角形をつくる組合せと確率……31
問題**3**　対数関数の正しいグラフを選ぼう！……32
問題**4**　2つの解が三角関数となる2次方程式はどれ？……34
問題**5**　対数と指数が混在した連立方程式を解こう！……36
問題**6**　絶対値を含んだ関数の微分係数を求めよう！……38
問題**7**　積分を含んだ関数の極大値と極小値は？……40
問題**8**　さいころを投げて出る目の期待値と標準偏差は？……41
問題**9**　確率の対数である選択情報量とは？……42
問題**10**　平行または垂直になる2つのベクトルの関係……44
問題**11**　三角形の頂点から引いた垂線をベクトルで表そう！……46
問題**12**　対数関数の差の極限値を求めよう！……48
問題**13**　曲線がつくる図形の面積は？……49
問題**14**　積分を含んだ整式の定数を求めよう！……50
問題**15**　和と差がわかっている2つの行列の積は？……53
問題**16**　複素数を含んだ行列の固有値を求めよう！……55
問題**17**　行列の積が交換可能（可換）とは？……57
問題**18**　三角関数の極限値を求めよう！……60

目次

問題19　偏微分の計算はサクッとエレガントに！ 61
問題20　漸化式を活用した定積分の計算 62
問題21　三角形の外接円と内接円の半径の比を求めよう！ 64
問題22　赤球と白球の入った袋の確率の大小比較！ 65
問題23　三角関数の入り口ー加法定理は確実に！ 67
問題24　対数と指数の方程式，一見難しそうですが。。。 68
問題25　等比数列と相加平均の条件から式の値を求めよう！ 69
問題26　放物線で囲まれた部分の面積は積分で確実に！ 70
問題27　与えられた条件から３次関数の係数を求めよう！ 71
問題28　コイン投げで表が出る回数の期待値と標準偏差 73
問題29　確率密度関数の係数の値を求めよう！ 74
問題30　ベクトルの大きさの最小値は？ 76
問題31　空間の４点が同一平面上にあるときの条件とは？ 77
問題32　対数関数を含んだ定積分の計算 78
問題33　４次方程式の実数解の個数を求めよう！ 79
問題34　積分の方程式ー微分と積分の世界を行き来しよう！ 80
問題35　偏微分の計算は正確かつスピーディーに！ 82
問題36　極限値をもつ条件から，定数を求めよう！ 84
問題37　関数のマクローリン展開―微分の達人になろう！ 86
問題38　１次変換ー行列の合成変換とは？ 88
問題39　線形代数の入り口―逆行列の計算は確実に！ 90
問題40　連立１次方程式が無限の解をもつ場合とは？ 92

COLUMN 1　実は日常で使われているデータ分析 94
COLUMN 2　データサイエンスで求められるスキル 96

第２章　ジャンル②
機械学習・深層学習の数学的理論の理解 97

introduction　機械学習・深層学習の数学的理論の理解（ジャンル②）はなぜ必要か？ 98
問題41　ニューラルネットワークのデータを適切に処理できる行列はどれか？ 100

問題42　回帰問題の評価指標で用いられる平均二乗誤差の式を具体的に表すと？...102
問題43　喫煙と肺がんの関係性を表すグラフは？......103
問題44　検査装置のF値の条件から偽陽性サンプル数の範囲を導こう！......105
問題45　複数商品のデザイン性・機能性の関係を階層的にまとめよう！......106
問題46　正解値と予測値のズレの大きさを最小にする勾配降下法......108
問題47　いろいろな距離の算出法と軌跡を見てみよう！......109
問題48　画像データから特徴を抽出する“畳み込み”で適用したフィルタはどれか？...111
問題49　複数モデルからの多数決で予測能力を向上させるアンサンブル学習......113
問題50　文書における単語の重要度を測るTF-IDFを体感してみよう！......115
問題51　迷惑メールの自動振り分けにも使われるベイズの定理とは？......117
問題52　識別関数に直交するベクトルはどれか？......118
問題53　現住居と特徴が近い物件を探そう！......119
問題54　人工ニューロンにおいて出力値を決定する活性化関数のグラフを見てみよう！...121
問題55　Excelのデータ分析ツールで重回帰分析の精度を確認するには？......123
問題56　書籍に対する２人の評価はどの程度類似しているか？......124
問題57　再帰型ニューラルネットワークに触れてみよう！......125
問題58　過学習の状態に陥っているグラフを選べ！......127
問題59　機械学習の一つの目的である重みの更新，その更新式を考えてみよう！...128
問題60　一緒に購入されやすい商品を明らかにするマーケットバスケット分析......130

COLUMN 3　**人工知能と確率・統計の関係とは？**......132
COLUMN 4　**機械学習と一般的なプログラムとの違いは？**......134
COLUMN 5　**理論を知る理由**......136

第3章　ジャンル③
アルゴリズム・プログラミングに必要な数学リテラシー......137

introduction　アルゴリズム・プログラミングに必要な数学リテラシー（ジャンル③）はなぜ必要か？......138
問題61　電源容量が最大になるモバイルバッテリの組み合わせは？......140
問題62　言葉で書いたプログラムを読み取れ！......141

目次

問題63　マークシートのマーク数を最小にするのは何進数か？ 142
問題64　処理時間が短くなるアルゴリズムの計算量はどれか？ 144
問題65　パリティチェックで通信データの誤りを検出！ 146
問題66　最後に残るカードは？ 147
問題67　プログラムと相性がよい逆ポーランド記法 149
問題68　桁落ちが発生するデータはどれか？ 150
問題69　議員の議席数を決めるアダムズ方式を使って学校の代表者を選出しよう！... 152
問題70　ハミング符号で通信データの誤りを訂正！ 154

COLUMN 6　ニューラルネットワークを学ぶ理由 155
COLUMN 7　深層学習（ディープラーニング）を学ぶ理由 157
COLUMN 8　クラスタリングが必要な理由 159

第4章　ジャンル④ ビジネスにおいて数学技能を活用する能力 161

introduction　ビジネススキル（ジャンル④）はなぜ必要か？ 162
問題71　有効求人倍率を求めよう！ 164
問題72　最適な人材配置とは？ 166
問題73　在庫は適正な量が鉄則！ 168
問題74　需要曲線のグラフを選ぼう！ 170
問題75　投資の意思決定の重要指標ー現在価値をマスターしよう！ 172
問題76　認証システムにおける設定パスワードの個数は？ 175
問題77　３つの製品を製造コストの低い順に並べると 176
問題78　需要の価格弾性率を求めよう！ 177
問題79　あなたも店長！ 最大利益が出るラーメン一杯の値段は？ 179
問題80　効用関数を微分すると新しい情報が！ 181

COLUMN 9　アソシエーション分析での指標とは 184
COLUMN 10　ソートなどのアルゴリズムを学ぶ理由 185

データサイエンス数学ストラテジスト　用語一覧 187
参考文献 192

第1章

ジャンル①

AI・データサイエンスを支える計算能力と数学的理論の理解

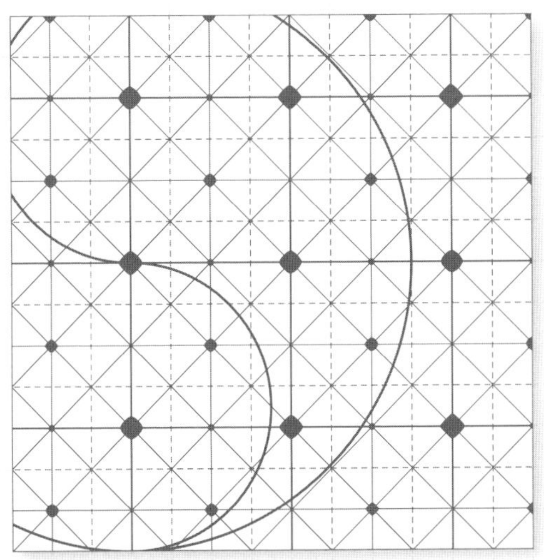

INTRODUCTION イントロダクション

数学力（ジャンル①）はなぜ必要か？

機械学習と深層学習を中心とするデータ分析（ジャンル②）は，数学によって厳密に定義されています。すなわち，データ分析は数学が基礎・土台となっています。

数学力（ジャンル①）では，データ分析（ジャンル②）を“ただ使える”という表面的なレベルではなく，“分析の仕組みを本質的に理解する”ために必要な数学を学びます。

特にデータ分析（ジャンル②）に多用される微分・積分，線形代数（ベクトル，行列など），統計学に関する基本内容を理解することにより，実際の問題・課題に対して数学に裏付けされたデータ分析手法を適用し，分析結果を的確に評価することが可能になります。

もちろん，小学校で学ぶ算数や中学校数学の内容も重要です。中級ではこのレベルから着実に数学力をつけ，上級につながるように配慮しております。

中級　出題範囲

小学校算数＋中学校数学＋高校（数学Ⅰ・A）

- 算数……………………………四則計算，グラフ，比例と反比例，割合と比，平均，単位あたりの大きさ，思考力を測る問題など
- 中学校数学……………………正の数・負の数，文字式の計算，方程式（1次，連立，2次），関数とは，比例と反比例，１次関数，$y=ax^2$，三平方の定理，資料の活用，確率など
- 数学Ⅰ・A……………………数と式，2次関数，三角比，順列と組合せ，データの分析と確率など

上級　出題範囲

高校（数学Ⅰ・A，Ⅱ・B，Ⅲ）+大学初学年（微分・積分＋線形代数基礎）

- 数学Ⅰ・A………数と式，2次関数，三角比，順列と組合せ，データの分析と確率など
- 数学Ⅱ・B………指数・対数関数，三角関数，整式の微分・積分，数列，ベクトル，確率分布など
- 数学Ⅲ …………数列・関数と極限，微分・積分など

大学（初学年）

- 微分・積分 ……微分・積分の基礎，偏微分，重積分，微分方程の基礎など
- 線形代数基礎… 行列，行列式，固有値など

問題 1

2次方程式は確実に解こう！

$x>1$ を満たす x に対して，$x^2+\dfrac{1}{x^2}=10$ を満たすとき，x の値を次から選びなさい。

(1) $-\sqrt{2}+\sqrt{3}$　(2) $\dfrac{1}{\sqrt{3}+\sqrt{2}}$　(3) $\dfrac{\sqrt{2}+\sqrt{3}}{2}$

(4) $2\sqrt{2}+\sqrt{3}$　(5) $\sqrt{2}+\sqrt{3}$

考え方 与式を変形し，2 次方程式の解を求めます。
(1) と (2) は 1 以下で同じ値なので除外することができます。

問題1の正解	(5)

解説

$x^2+\dfrac{1}{x^2}=10$ より，$\left(x+\dfrac{1}{x}\right)^2-2=10$

$\left(x+\dfrac{1}{x}\right)^2=12$，$x+\dfrac{1}{x}=\pm2\sqrt{3}$

$x>1$ より，$x+\dfrac{1}{x}=2\sqrt{3}$ なので

$x^2-2\sqrt{3}x+1=0$ を解いて，$x=\sqrt{3}\pm\sqrt{3-1}=\sqrt{3}\pm\sqrt{2}$

$x>1$ より，$x=\sqrt{3}+\sqrt{2}$ が正解となります。

別approach

$x^2+\dfrac{1}{x^2}=10$ より，$x^4-10x^2+1=0$

$X=x^2(>0)$ とおくと，$X^2-10X+1=0$ より

$X=5\pm\sqrt{25-1}=5\pm2\sqrt{6}$

$x>1$ より $X>1$ なので，$X=5+2\sqrt{6}$

$x^2=5+2\sqrt{6}$ より，$x=\sqrt{5+2\sqrt{6}}=\sqrt{(\sqrt{3}+\sqrt{2})^2}=\sqrt{3}+\sqrt{2}\ (>1)$

ワンポイント

因数分解や解の公式を用いた2次方程式の解の求め方は確実に!

問題
2

円周上の点から多角形をつくる組合せと確率

円周上に n 個の点が並んでいます。この n 個の点から2点を選んで線分を結びます。線分が n 角形の対角線となる確率を p，線分が n 角形の辺となる確率を q とします。このとき，$p=q$ を満たす n の値を次から選びなさい。

ただし，n は3以上の整数とします。

（1）4　（2）5　（3）6　（4）8　（5）9

考え方　円周上の n 個の点から2点を選ぶ選び方は，${}_nC_2$ 通り
2点を選んで結ぶ線分が n 角形の対角線になる確率 p と辺になる確率 q が等しい $p=q$ と $p+q=1$ より，$p=q=\frac{1}{2}$ となります。

適用分野　金融工学　など

問題2の正解　（2）

解説

円周上の n 個の点から2点を選ぶ選び方の総数は

$${}_nC_2=\frac{n(n-1)}{2} \text{ 通り}$$

この線分が n 角形の辺になる確率 q は

$$q=\frac{n}{{}_nC_2}=\frac{n}{\frac{n(n-1)}{2}}=\frac{2}{n-1}$$

よって，$q=\frac{2}{n-1}=\frac{1}{2}$ より，$n-1=4$ を解いて $n=5$ が得られます。

ワンポイント

場合の数（順列と組合せ）の求め方は，確率の第一歩です。
確実に理解してください。

問題
3

対数関数の正しいグラフを選ぼう！

$y=\log_2 \dfrac{1}{x}$ のグラフを次から選びなさい。

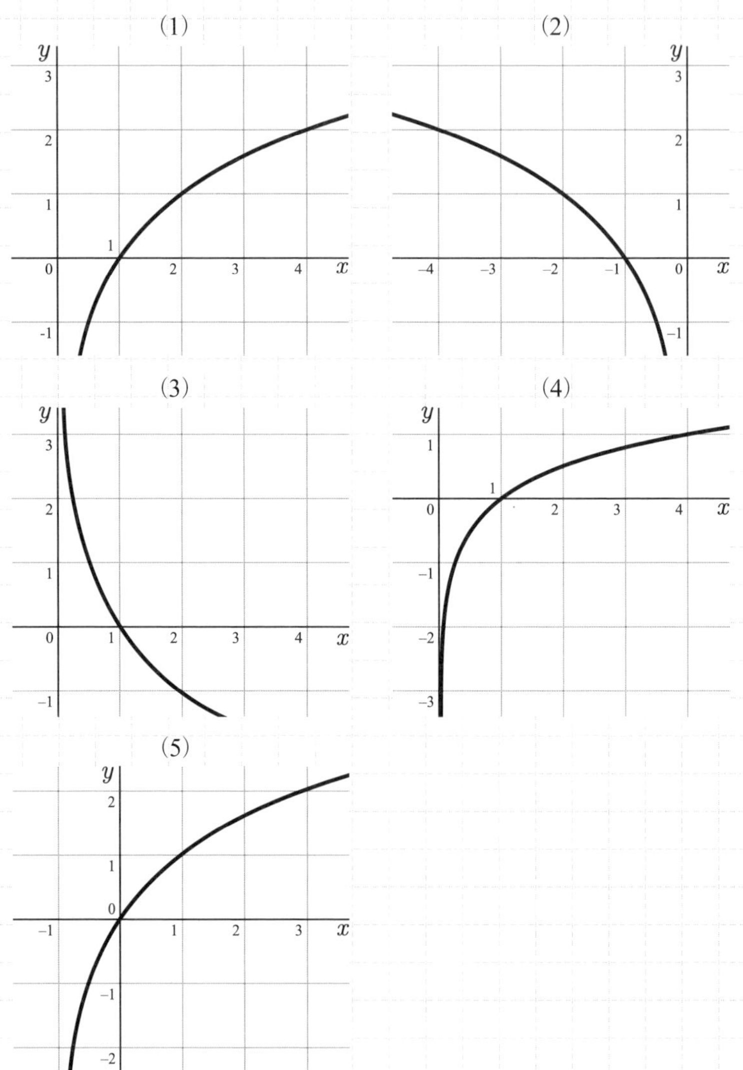

考え方　まずは，対数関数 $y=\log_2 x$ のグラフをきちんと描けることが大切です。

適用分野　情報理論，情報工学　など

問題3の正解　(3)

解説

$y=\log_2 \dfrac{1}{x}=-\log_2 x$ は，$y=\log_2 x$ を x 軸に関して対称移動したものです。

$x=2$ のとき，$y=-1$ をとるので，このグラフは点 $(2,\ -1)$ を通ることがわかります。

ワンポイント

$y=f(x)$ に対し，x 軸に関する対称移動したものは $y=-f(x)$，y 軸に関する対称移動したものは $y=f(-x)$ となります。

なお，原点対称移動したものは $y=-f(-x)$ です。

問題 4

2つの解が三角関数となる2次方程式はどれ？

kを実数の定数とします。2次方程式 $\sqrt{10}\,x^2-2x+k=0$ の2つの解が $\sin\theta,\ \cos\theta\ (0°\leqq\theta<360°)$ であるとき，この2次方程式の解を次から選びなさい。

(1) $x=-\dfrac{\sqrt{10}}{10},\ \dfrac{3\sqrt{10}}{10}$　(2) $x=\dfrac{\sqrt{10}}{10},\ \dfrac{3\sqrt{10}}{10}$

(3) $x=-\dfrac{\sqrt{10}}{10},\ -\dfrac{3\sqrt{10}}{10}$　(4) $x=\dfrac{\sqrt{5}}{5},\ -\dfrac{2\sqrt{10}}{10}$

(5) $x=-\dfrac{\sqrt{5}}{5},\ \dfrac{2\sqrt{5}}{5}$

考え方　2次方程式の解と係数の関係を利用します。

適用分野　機械力学，構造力学　など

問題4の正解　(1)

解説

まずは，k の値を求めます。2次方程式の解と係数の関係より，

$$\begin{cases} \sin\theta+\cos\theta=\dfrac{2}{\sqrt{10}} \cdots ① \\ \sin\theta\cos\theta=\dfrac{k}{\sqrt{10}} \cdots ② \end{cases}$$

①の両辺を2乗すると，

$1+2\sin\theta\cos\theta=\dfrac{2}{5}$ より，$\sin\theta\cos\theta=-\dfrac{3}{10}$

②より，$\sin\theta\cos\theta=-\dfrac{3}{10}=\dfrac{k}{\sqrt{10}}$ なので，$k=-\dfrac{3}{\sqrt{10}}$

よって，2次方程式 $\sqrt{10}\,x^2-2x-\dfrac{3}{\sqrt{10}}=0$，すなわち

$10x^2-2\sqrt{10}x-3=0$ を解くと，

$$x=\frac{\sqrt{10}\pm\sqrt{10+30}}{10}=\frac{\sqrt{10}\pm2\sqrt{10}}{10}$$

よって，$x=-\dfrac{\sqrt{10}}{10}, \dfrac{3\sqrt{10}}{10}$

ワンポイント

2次方程式の解と係数の公式は確実に使えるように。

すなわち，$ax^2+bx+c=0 \quad (a\neq0)$ の2つの解を α，β とするとき，

$$\alpha+\beta=-\frac{b}{a},\ \alpha\beta=\frac{c}{a}$$

また，3次方程式の解と係数の公式もあわせて使えるようにしてください。

問題 5

対数と指数が混在した連立方程式を解こう！

x,y を未知数とする連立方程式

$$\begin{cases} \left(\dfrac{2}{x}\right)^{\log_e 2} = \left(\dfrac{3}{y}\right)^{\log_e 3} \\ 3^{-\log_e x} = 2^{-\log_e y} \end{cases}$$

を解いて，x^2+y^2 の値を次から選びなさい。

(1) 13　　(2) 9　　(3) 6　　(4) $\dfrac{13}{6}$　　(5) $\dfrac{11}{6}$

考え方　やや難しめの問題ですが，$\dfrac{1}{x}=X$，$\dfrac{1}{y}=Y$ とおくところがポイントです。
2 つの式それぞれの両辺に対し自然対数をとってみましょう。

適用分野　情報理論，情報工学　など

問題5の正解　(1)

解説

$\dfrac{1}{x}=X,\ \dfrac{1}{y}=Y$ とおくと，

$(2X)^{\log_e 2}=(3Y)^{\log_e 3}\cdots$（i），　$3^{\log_e X}=2^{\log_e Y}\cdots$（ii）

（i）の両辺に対し，自然対数をとると

$\log_e 2\cdot\log_e(2X)=\log_e 3\cdot\log_e(3Y)$

$\log_e 2\cdot(\log_e 2+\log_e X)=\log_e 3\cdot(\log_e 3+\log_e Y)\ \cdots$①

同様に，（ii）に対しても

$\log_e X\cdot\log_e 3=\log_e Y\cdot\log_e 2$ より

$$\log_e Y=\frac{\log_e 3}{\log_e 2}\cdot\log_e X\cdots②$$

②を①に代入して

$$\log_e 2\cdot(\log_e 2+\log_e X)=\log_e 3\cdot\left(\log_e 3+\frac{\log_e 3}{\log_e 2}\cdot\log_e X\right)$$

$$(\log_e 2)^2\cdot(\log_e 2+\log_e X)=\log_e 3\cdot\left(\log_e 2\cdot\log_e 3+\log_e 3\cdot\log_e X\right)$$

$$(\log_e 2)^3+(\log_e 2)^2\cdot\log_e X=\log_e 2\cdot(\log_e 3)^2+(\log_e 3)^2\log_e X$$

$$\log_e X\left\{\cancel{(\log_e 2)^2-(\log_e 3)^2}\right\}=-\log_e 2\left\{\cancel{(\log_e 2)^2-(\log_e 3)^2}\right\}$$ より

$\log_e X=-\log_e 2$，すなわち

$X=\dfrac{1}{x}=\dfrac{1}{2}$，　$x=2$

②より，$\log_e Y=\dfrac{\log_e 3}{\log_e 2}\times(-\log_e 2)=-\log_e 3$

$Y=\dfrac{1}{y}=\dfrac{1}{3}$，　$y=3$

$x=2$，$y=3$ は真数条件を満たすので，

よって，$x^2+y^2=2^2+3^2=13$ となります。

ワンポイント

指数法則や対数関数の基本的性質は確実に理解してください。

問題 6

絶対値を含んだ関数の微分係数を求めよう！

関数 $f(x)=x|x-3|$ について，微分係数 $f'(2)$ と $f'(4)$ の差

$$f'(2)-f'(4)$$

の値を次から選びなさい。

(1) -6　(2) -3　(3) -1　(4) 3　(5) 6

考え方 微分係数 $f'(2)$ は $x=2$，$f'(4)$ は $x=4$ における導関数の値（微分係数）です。

$x<3$ では，$f(x)=x(-x+3)=-x^2+3x$，

また，$x \geqq 3$ では，$f(x)=x(x-3)=x^2-3x$ となることに注意してください。

適用分野 機械力学，構造力学　など

問題6の正解　(1)

解説

$x=2$，すなわち $x<3$ では，$f(x)=x(3-x)=-x^2+3x$ より

$f'(x)=-2x+3$ となって，$f'(2)=-2\times2+3=-1$

同様に，

$x=4$，すなわち $x\geqq3$ では，$f(x)=x(x-3)=x^2-3x$ より

$f'(x)=2x-3$ となって，$f'(4)=2\times4-3=5$

よって

$f'(2)-f'(4)=-1-5=-6$

ワンポイント

$f(x)=x|x-3|$ は，

$x\geqq3$ のとき，$f(x)=x(x-3)=x^2-3x$

$x<3$ のとき，$f(x)=x(-x+3)=-x^2+3x$

となり，グラフでは次図のようになります。

$f'(2)<0$, $f'(4)>0$ より，$f'(2)-f'(4)<0$ となります。

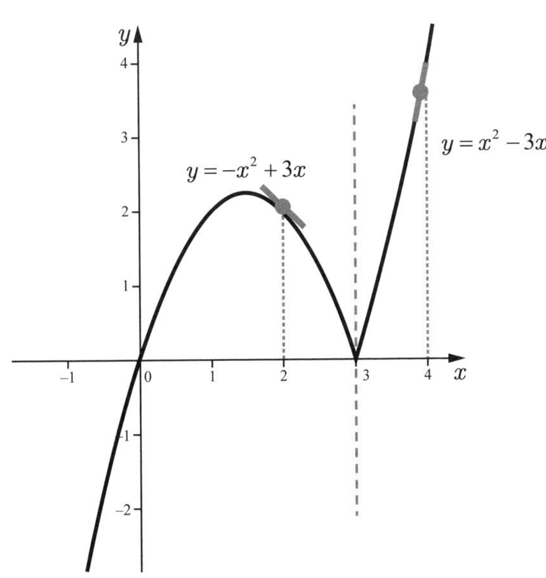

問題 7 積分を含んだ関数の極大値と極小値は？

関数 $f(x)=\int_{-1}^{x}(t^2-t-2)dt$ の極大値を M，極小値を m とするとき，これらの和 $M+m$ の値を次から選びなさい。

(1) $\frac{9}{4}$　(2) $-\frac{9}{4}$　(3) $\frac{9}{2}$　(4) $-\frac{9}{2}$　(5) 0

考え方　$f(x)$ は3次関数で，$f'(x)=x^2-x-2=(x-2)(x+1)$ より
$x=-1$ で極大値，$x=2$ で極小値をとることがわかります。

問題7の正解	(4)

解説

$$f'(x)=\frac{d}{dx}\int_{-2}^{x}(t^2-t-2)dt=x^2-x-2=(x+1)(x-2)=0 \text{ より，}$$

$f(x)$ は $x=-1$ で極大，$x=2$ で極小になります。

また，

$$f(x)=\int_{-1}^{x}(t^2-t-2)dt=\left[\frac{t^3}{3}-\frac{t^2}{2}-2t\right]_{-1}^{x}$$

$$=\frac{1}{3}x^3-\frac{x^2}{2}-2x-\left(-\frac{1}{3}-\frac{1}{2}+2\right)=\frac{x^3}{3}-\frac{x^2}{2}-2x-\frac{7}{6} \text{ より}$$

極大値 $M=f(-1)=-\frac{1}{3}-\frac{1}{2}+2-\frac{7}{6}=-\frac{5+7}{6}+2=-2+2=0$

極小値 $m=f(2)=\frac{8}{3}-2-4-\frac{7}{6}=\frac{16-7}{6}-6=\frac{3}{2}-6=-\frac{9}{2}$

よって，これらの和 $M+m=-\frac{9}{2}$

ワンポイント

$f(x)=\frac{x^3}{3}-\frac{x^2}{2}-2x-\frac{7}{6}$ より，導関数 $f(x)=x^2-x-2$

増減表は，以下のようになります。

x	$\cdots$	-1	$\cdots$	2	$\cdots$
$f'(x)$	$+$	0	$-$	0	$+$
$f(x)$	↗	M	↘	m	↗

問題
8

さいころを投げて出る目の期待値と標準偏差は？

さいころを90回投げるとき，2以下の目が出る回数を X とします。X の期待値と標準偏差の正しい組合せを次から選びなさい。

	期待値	標準偏差
(1)	20	20
(2)	20	$2\sqrt{5}$
(3)	30	$\sqrt{5}$
(4)	30	20
(5)	30	$2\sqrt{5}$

考え方 確率変数 X は二項分布にしたがいます。

適用分野 情報理論，情報工学，金融工学　など

問題8の正解　(5)

解説

さいころを投げて2以下 $(X=1,2)$ の目が出る確率は，$\frac{2}{6}=\frac{1}{3}$

X は二項分布 $\left(90, \frac{1}{3}\right)$ にしたがうので，

期待値は，$E(X)=90\times\frac{1}{3}=30$

標準偏差は，$\sigma(X)=\sqrt{90\times\frac{1}{3}\times\frac{2}{3}}=\sqrt{20}=2\sqrt{5}$

ワンポイント

二項分布 $B(n,p)$ にしたがう確率変数 X の平均値を m，標準偏差を σ とすれば，

$m=np$，$\sigma=\sqrt{np(1-p)}$ と求めることができます。

問題
9

確率の対数である選択情報量とは？

ある事象が起きたとき，それがどれだけ起こりにくいかを表す尺度の1つとして選択情報量が用いられます。事象 A が起こる確率を p_A とするとき，事象 A が起こったことを知らされたときに受け取る選択情報量 I_A （単位はbit）は下の式で表されます。

$$I_A = -\log_2 p_A$$

さて，10本のくじの中に2本当たりくじがあり，この中から同時に2本引くとき，2本とも当たりくじであるときに受け取る選択情報量は何bitか，次から選びなさい。ただし，$\log_2 3 = 1.585$，$\log_2 5 = 2.322$ とします。

（1）3.907 bit　　（2）4.012 bit　　（3）5.492 bit

（4）5.989 bit　　（5）6.229 bit

考え方　単に確率を求めるだけなく，その確率に対し底を 2 とする対数をとった選択情報量を求めることに注意してください。

適用分野　情報理論，情報工学，金融工学　など

問題9の正解	(3)

くじを同時に2本引くとき，2本とも当たりである確率は，$\dfrac{{}_2C_2}{{}_{10}C_2}=\dfrac{1}{45}$
これより，求める選択情報量は，

$$I_A=-\log_2\frac{1}{45}=\log_2 45=\log_2(3^2\times 5)$$
$$=2\log_2 3+\log_2 5=2\times 1.585+2.322=5.492\ \text{(bit)}$$

ワンポイント

問題文にあるように，選択情報量（単に情報量でも可）は，ある事象 A の生起確率 p_A とすると，$I_A=\log_2\dfrac{1}{p_A}=-\log_2 p_A$ で定義されます。

図のように，情報量 I_A は，生起確率 p_A が増加するにつれて単調に減少します。$p_A=1$ では $I_A=0$ となって，必ず起こる事象に対しては誰でも知っているので情報量 I_A は0となります。

逆に p_A が0に近くなれば，ほとんど起こらない事象になり，ニュース性が増して情報量もぐっと大きくなること意味します。

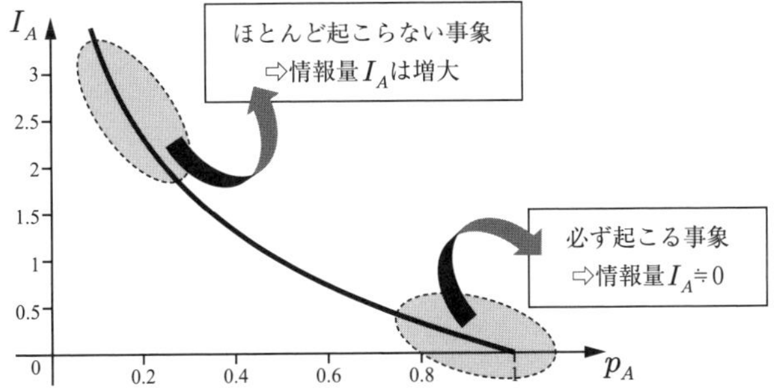

さらに問題文には選択情報の単位はbit（ビット）とあります。このbit はデジタル化したデータ量の基本単位です。今日いろいろな情報やコンテンツはデジタル化され，人工知能による分析もデジタルデータが対象です。つまり社会がデジタル化しつつある変化の中で私たちの生活，そして多くの企業自身もそれに対応するため変革をしなければならず，すなわちDX（デジタルトランスフォーメーション）が推進される風潮が高まっております。

問題 10

平行または垂直になる2つのベクトルの関係

2つのベクトル $\vec{a}=(3,-2,1)$，$\vec{b}=(-6,k,-2)$ があります。$\vec{a},\vec{b}$ が平行になるときの k の値を k_1 とし，また $\vec{a},\vec{b}$ が垂直になるときの k の値を k_2 としたとき，k_1 と k_2 の値の組 (k_1,k_2) を次から選びなさい。

（1）（4，10）　（2）（−4，10）　（3）（4，−10）
（4）（−4，−10）　（5）（2，−5）

考え方　2つのベクトルが平行または垂直になる条件はベクトルの基本概念です。確実に理解してください。

適用分野　機械力学，構造力学　など

問題10の正解　(3)

解説

2つのベクトル$\vec{a}$, $\vec{b}$が平行とは，$\vec{a}=l\vec{b}$（lは実数）で表されるので，

$$(3, -2, 1) = l(-6, k_1, -2)$$

すなわち，$3=-6l$，$-2=lk_1$，$1=-2l$となって，

それぞれlについて解いた式が等しいので，

$$l = \frac{3}{-6} = \frac{-2}{k_1} = \frac{1}{-2} \text{ より，} k_1 = 4$$

また，$\vec{a}$, $\vec{b}$が垂直とは，内積$\vec{a}\cdot\vec{b}=0$なので

$$-18-2k_2-2=0 \text{ より，} k_2=-10$$

よって，$(k_1, k_2) = (4, -10)$

ワンポイント

2つのベクトル$\vec{a}, \vec{b}$が平行と垂直なる条件を示すと，

$$\begin{cases} \text{平行} \quad \cdots \quad \vec{a}=l\vec{b} \ (l\text{は実数}) \\ \text{垂直} \quad \cdots \quad \vec{a}\cdot\vec{b}=0 \end{cases}$$

ただし，$\vec{a}\neq\vec{0}$, $\vec{b}\neq\vec{0}$ のときです。

問題 11

三角形の頂点から引いた垂線をベクトルで表そう！

OA＝6，OB＝7，∠AOB＝120°である△OABにおいて，

$\overrightarrow{OA}=\vec{a}$，$\overrightarrow{OB}=\vec{b}$とします。点Oから辺ABに垂線OHを引くとき，

$\overrightarrow{OH}$を$\vec{a}, \vec{b}$を用いて表した正しい式を次から選びなさい。

(1) $\frac{40}{127}\vec{a}+\frac{87}{127}\vec{b}$　(2) $\frac{50}{127}\vec{a}+\frac{77}{127}\vec{b}$　(3) $\frac{60}{127}\vec{a}+\frac{67}{127}\vec{b}$

(4) $\frac{70}{127}\vec{a}+\frac{57}{127}\vec{b}$　(5) $\frac{57}{127}\vec{a}+\frac{70}{127}\vec{b}$

考え方　$\overrightarrow{OH}=(1-l)\vec{a}+l\vec{b}$とおいて，$\overrightarrow{OH}\perp\overrightarrow{AB}$より，$l$の値を求めます。

適用分野　構造力学　など

問題11の正解　(4)

点H は辺AB上の点より，実数lに対して

$\overrightarrow{OH} = \overrightarrow{OA} + l\,\overrightarrow{AB} = \vec{a} + l(\vec{b} - \vec{a})$

$\quad = (1-l)\vec{a} + l\vec{b} \quad \cdots①$

$\overrightarrow{OH} \perp \overrightarrow{AB}$ より，$\overrightarrow{OH}\cdot\overrightarrow{AB} = 0$ なので

$\{(1-l)\vec{a} + l\vec{b}\}\cdot(\vec{b} - \vec{a}) = 0$

$-(1-l)|\vec{a}|^2 + (1-2l)(\vec{a}\cdot\vec{b}) + l|\vec{b}|^2 = 0 \quad \cdots②$

ここで，$|\vec{a}| = 6$，$|\vec{b}| = 7$，内積 $\vec{a}\cdot\vec{b} = |\vec{a}||\vec{b}|\cos120° = 6\cdot7\cdot\left(-\frac{1}{2}\right) = -21$ より，

②に代入して

$-36(1-l) + (1-2l)(-21) + 49l = 0$

$\quad 127l - 57 = 0$ より，$l = \frac{57}{127}$

①に代入して，

$$\overrightarrow{OH} = \frac{70}{127}\vec{a} + \frac{57}{127}\vec{b}$$

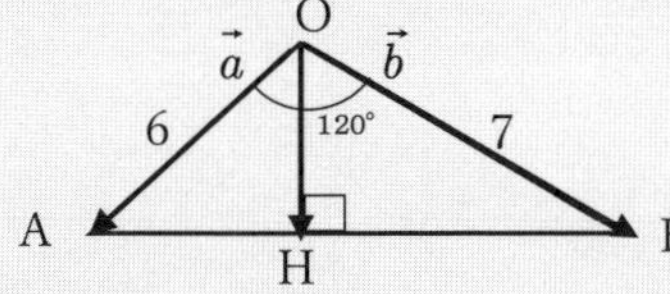

ワンポイント

点H は辺AB上の点より，実数lに対して $\overrightarrow{OH} = (1-l)\vec{a} + l\vec{b}$ と表せることを確実に理解しましょう。

問題
12

対数関数の差の極限値を求めよう！

極限値

$$\lim_{n\to\infty}\{\log_{10}(n+100)-\log_{10}(1000n+1)\}$$

を次から選びなさい。

(1) 2　　(2) 1　　(3) −1　　(4) −2　　(5) −3

考え方　対数の差は，真数の商となることに注意してください！

適用分野　情報理論，情報工学　など

問題12の正解　(5)

解説

$$\lim_{n\to\infty}\{\log_{10}(n+100)-\log_{10}(1000n+1)\}$$

$$=\lim_{n\to\infty}\log_{10}\frac{n+100}{1000n+1}=\lim_{n\to\infty}\log_{10}\frac{1+\frac{100}{n}}{1000+\frac{1}{n}}$$

$$=\log_{10}\frac{1}{1000}=\log_{10}10^{-3}=-3$$

ワンポイント

$a>0$，$a\neq 1$，$M>0$，$N>0$ のとき

$$\log_a\frac{M}{N}=\log_a M-\log_a N,\quad \log_a MN=\log_a M+\log_a N$$

は確実に!

問題 **13**

曲線がつくる図形の面積は？

xy 平面において，曲線 $y=\dfrac{6}{(e^x+1)(e^x+3)}$，$x$ 軸，y 軸および直線 $x=1$ によって囲まれた図形の面積を次から選びなさい。ただし，e は自然対数の底を表します。

(1) $2+3\log_e(e+1)-\log_e(e+3)+\log_e 2$

(2) $2-3\log_e(e+1)+\log_e(e+3)-\log_e 2$

(3) $2-3\log_e(e+1)+\log_e(e+3)+\log_e 2$

(4) $3-3\log_e(e+1)-\log_e(e+3)-\log_e 2$

(5) $2+3\log_e(e+1)+\log_e(e+3)+\log_e 2$

考え方　$0\leqq x\leqq 1$ において，$y=\dfrac{6}{(e^x+1)(e^x+3)}>0$ より，

求める面積は，$S=\displaystyle\int_0^1\frac{6}{(e^x+1)(e^x+3)}dx$ となります。

問題13の正解　(3)

解説

求める面積は，$S=\displaystyle\int_0^1\frac{6}{(e^x+1)(e^x+3)}dx$ で計算できる。

$e^x=t$ とおくと，$e^x dx=dt$，$dx=\dfrac{1}{t}dt$

また，$x:0\to 1$ に対して，$t:1\to e$ なので

$$S=\int_1^e\frac{6}{(t+1)(t+3)}\cdot\frac{1}{t}dt=\int_1^e\left(\frac{2}{t}-\frac{3}{t+1}+\frac{1}{t+3}\right)dt$$

$$=\Big[2\log_e|t|-3\log_e|t+1|+\log_e|t+3|\Big]_1^e$$

$$=2-3\log_e(e+1)+\log_e(e+3)+3\log_e 2-\log_e 4$$

$$=2-3\log_e(e+1)+\log_e(e+3)+\log_e 2$$

$$=2+\log_e\frac{2(e+3)}{(e+1)^3}$$

ワンポイント

$S=\displaystyle\int_1^e\frac{6}{t(t+1)(t+3)}dt=\int_1^e\left(\frac{2}{t}-\frac{3}{t+1}+\frac{1}{t+3}\right)dt$ のように

被積分関数を分解することを部分分数分解といいます。

問題 14

積分を含んだ整式の定数を求めよう！

関数 $f(x)$ は第2次導関数をもち，下の等式を満たすものとします。

$$f(x)=\int_0^x f(t)\sin(x-t)\,dt+ax+b$$

ただし a，b は定数とします。

このとき，$f(x)$ を x の整式で正しく表したものを次から選びなさい。

(1) $f(x)=\dfrac{a}{12}x^3+\dfrac{b}{6}x^2+ax+b$　(2) $f(x)=\dfrac{a}{8}x^3+\dfrac{b}{4}x^2+ax+b$

(3) $f(x)=\dfrac{a}{6}x^3+\dfrac{b}{2}x^2+ax+b$　(4) $f(x)=\dfrac{a}{6}x^3-\dfrac{b}{2}x^2+ax-b$

(5) $f(x)=6ax^3+2bx^2+ax+b$

考え方　$f(x)=\int_0^x f(t)\sin(x-t)dt+ax+b$ より，両辺を微分して，
$f'(x)$ と $f''(x)$ を求めてみましょう。

問題14の正解　(3)

解説

$\sin(x-t)=\sin x\cos t-\cos x\sin t$ より

$$f(x)=\sin x\int_0^x f(t)\cos t\,dt-\cos x\int_0^x f(t)\sin t\,dt+ax+b \quad \cdots ①$$

①の両辺を x で微分すると,

$$f'(x)=\cos x\int_0^x f(t)\cos t\,dt+\cancel{\sin x\cdot f(x)\cos x}+\sin x\int_0^x f(t)\sin t\,dt$$

$$-\cancel{\cos x\cdot f(x)\sin x}+a$$

$$=\cos x\int_0^x f(t)\cos t\,dt+\sin x\int_0^x f(t)\sin t\,dt+a \quad \cdots ②$$

$$f''(x)=-\sin x\int_0^x f(t)\cos t\,dt+\cos^2 x\cdot f(x)+\cos x\int_0^x f(t)\sin t\,dt$$

$$+\sin^2 x\cdot f(x)$$

$$=-\sin x\int_0^x f(t)\cos t\,dt+\cos x\int_0^x f(t)\sin t\,dt+f(x)$$

①より, $-\sin x\int_0^x f(t)\cos t\,dt+\cos x\int_0^x f(t)\sin t\,dt=-f(x)+ax+b$

なので

$f''(x)=-\cancel{f(x)}+ax+b+\cancel{f(x)}=ax+b$ となります。

$f''(x)=ax+b$ を積分すると

$f'(x)=\dfrac{a}{2}x^2+bx+C$ (Cは積分定数)

②で $x=0$ とおくと, $f'(0)=a$ なので $C=a$

すなわち $f'(x)=\dfrac{a}{2}x^2+bx+a$　となります。

上式をさらに積分して

$f(x)=\dfrac{a}{6}x^3+\dfrac{b}{2}x^2+ax+C_0$ (C_0 は積分定数)

①で $x=0$ とおくと $f(0)=b$, よって $C_0=b$

以上より, $f(x)=\dfrac{a}{6}x^3+\dfrac{b}{2}x^2+ax+b$　となります。

ワンポイント

定積分で表された関数を含む等式の両辺を微分すると，微分方程式になる場合があります。本問では微分方程式 $f''(x)=ax+b$ となり，両辺を積分することにより， $f(x)$ を求めます。

本問で用いた重要な公式は，

$$\frac{d}{dx}\int_a^x f(t)dt=f(x)$$

やや発展的な公式ですが，

$$\frac{d}{dx}\int_{a(x)}^{b(x)} f(t)dt=f(b(x))b'(x)-f(a(x))a'(x)$$

も覚えておくと便利でしょう。

問題 15

和と差がわかっている２つの行列の積は？

2つの行列A，Bの和と差がそれぞれ，$A+B=\begin{pmatrix} 2 & 2 \\ -3 & 3 \end{pmatrix}$，$A-B=\begin{pmatrix} 4 & 2 \\ 1 & -3 \end{pmatrix}$のとき，行列の積$AB$を次から選びなさい。

(1) $\begin{pmatrix} -1 & 6 \\ 1 & 0 \end{pmatrix}$　(2) $\begin{pmatrix} -7 & 6 \\ 1 & 0 \end{pmatrix}$　(3) $\begin{pmatrix} -7 & 6 \\ -1 & 0 \end{pmatrix}$

(4) $\begin{pmatrix} -7 & 6 & 1 \\ 1 & 0 & -2 \end{pmatrix}$　(5) $\begin{pmatrix} 7 & 6 \\ 1 & 0 \end{pmatrix}$

考え方　2つの行列の和と差より，A，Bそれぞれの行列を求めることができます。

適用分野　制御工学，応用化学（群論），経済学　など

問題15の正解 (2)

解説

$$(A+B)+(A-B)=2A=\begin{pmatrix}6 & 4\\ -2 & 0\end{pmatrix}\quad\text{より，}\quad A=\begin{pmatrix}3 & 2\\ -1 & 0\end{pmatrix}$$

また，$(A+B)-(A-B)=2B=\begin{pmatrix}-2 & 0\\ -4 & 6\end{pmatrix}$ より，$B=\begin{pmatrix}-1 & 0\\ -2 & 3\end{pmatrix}$

よって，$AB=\begin{pmatrix}3 & 2\\ -1 & 0\end{pmatrix}\begin{pmatrix}-1 & 0\\ -2 & 3\end{pmatrix}=\begin{pmatrix}3\times(-1)+2\times(-2) & 3\times0+2\times3\\ (-1)\times(-1)+0\times(-2) & (-1)\times0+0\times3\end{pmatrix}$

$$=\begin{pmatrix}-7 & 6\\ 1 & 0\end{pmatrix}$$

ワンポイント

行列の足し算，引き算，スカラー倍は，ベクトルの計算と同様です。

行列の積は，ベクトルの内積に似ています。

A の1行の成分と B の1列の成分との内積が積 AB の（1，1）成分に

A の1行の成分と B の2列の成分との内積が積 AB の（1，2）成分に，…

となっていきます。

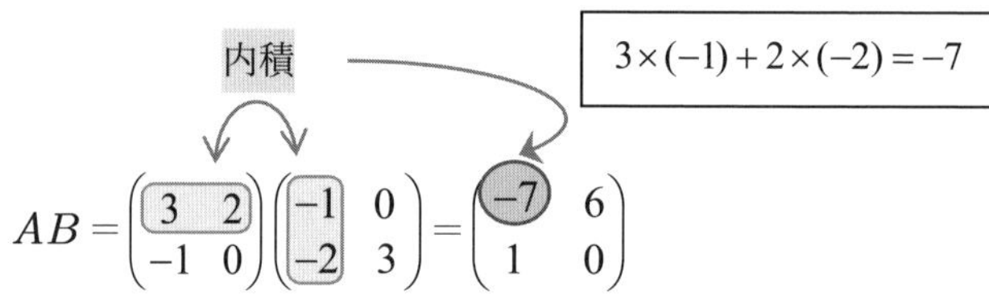

問題 16

複素数を含んだ行列の固有値を求めよう！

行列 $\begin{pmatrix} 0 & 1-i & 1 \\ 1+i & 0 & 1-i \\ 1 & 1+i & 0 \end{pmatrix}$ **の固有値を** λ_1, λ_2, λ_3 （$\lambda_1 < \lambda_2 < \lambda_3$）

とするとき， $\dfrac{\lambda_1}{2} + \dfrac{\lambda_2}{3} + \dfrac{\lambda_3}{4}$ **の値を次から選びなさい。**

ただし， i **は虚数単位を表します。**

(1) $-\dfrac{\sqrt{5}}{4}i$　(2) $\sqrt{5}\,i$　(3) $-\dfrac{\sqrt{5}}{2}$

(4) $\dfrac{\sqrt{5}}{4}$　(5) $-\dfrac{\sqrt{5}}{4}$

考え方　行列の固有値は，固有方程式の解として得られます。本問では与えられた行列はエルミート行列で，その固有値はすべて実数になります。

適用分野　画像工学，制御工学，応用化学，人工知能（機械学習）など

問題16の正解 (5)

解説

固有値をλとして，固有方程式は次のようになります。

$$\begin{vmatrix} -\lambda & 1-i & 1 \\ 1+i & -\lambda & 1-i \\ 1 & 1+i & -\lambda \end{vmatrix} = 0$$

行列式を展開して，

$$\text{左辺} = -\lambda^3 + (1-i)^2 + (1+i)^2 - \{-\lambda - (1+i)(1-i)\lambda - (1+i)(1-i)\lambda\}$$
$$= -\lambda^3 - (-\lambda - 2\lambda - 2\lambda) = -\lambda^3 + 5\lambda$$

よって，$\lambda^3 - 5\lambda = \lambda(\lambda^2 - 5) = 0$を解いて，$\lambda = 0, \pm\sqrt{5}$

$\lambda_1 = -\sqrt{5},\ \lambda_2 = 0,\ \lambda_3 = \sqrt{5}$より，$\dfrac{\lambda_1}{2} + \dfrac{\lambda_2}{3} + \dfrac{\lambda_3}{4} = -\dfrac{\sqrt{5}}{2} + \dfrac{0}{3} + \dfrac{\sqrt{5}}{4} = -\dfrac{\sqrt{5}}{4}$

ワンポイント

(1) 本問に与えられている複素行列$A = \begin{pmatrix} 0 & 1-i & 1 \\ 1+i & 0 & 1-i \\ 1 & 1+i & 0 \end{pmatrix}$に対して，

各成分の共役複素数をとり，さらに転置したものを随伴行列A^*といいます。
すなわち，

$$A = \begin{pmatrix} 0 & 1-i & 1 \\ 1+i & 0 & 1-i \\ 1 & 1+i & 0 \end{pmatrix} \Rightarrow \begin{pmatrix} 0 & 1+i & 1 \\ 1-i & 0 & 1+i \\ 1 & 1-i & 0 \end{pmatrix} \Rightarrow \begin{pmatrix} 0 & 1-i & 1 \\ 1+i & 0 & 1-i \\ 1 & 1+i & 0 \end{pmatrix} \quad (=A^*)$$

各成分の共役複素数をとる　　転置する

エルミート行列Aは，$A = A^*$の関係を満たします。

(2) n次正方行列Aに対して，$A\boldsymbol{x} = \lambda\boldsymbol{x}$，$\boldsymbol{x} \neq \boldsymbol{0}$を満たす$\lambda$を固有値，$x$を固有ベクトルといい，$\lambda$は固有方程式$|A - \lambda E| = 0$（$E$:単位行列）の解です。
固有値の応用は，群という代数系を用いた物質の結晶構造の表現などいわゆる固有値問題として幅広く物理や工学で活用されます。
さらに，固有値（スペクトル）分解として画像認識に，また機械学習の特異値分解にも関係します。

問題
17

行列の積が交換可能（可換）とは?

$A=\begin{pmatrix} a & b \\ c & d \end{pmatrix}$ **に対して，任意の2次行列** X **が**

$$AX = XA$$

が成り立つための a，b，c，d **に関する必要十分条件を次から選びなさい。**

(1) $a=d,\quad b=c=1$　　(2) $a=b=c=d=1$

(3) $b\neq 0,\quad c\neq 0$　　(4) $a=d,\quad b=c=0$

(5) $a\neq d,\quad b=c=0$

考え方　正攻法で解答しようとすれば，以下＜解説＞のようになりますが，本問では選択肢ごとに調べた方が素早く解答できるでしょう。

適用分野　制御工学，量子力学，応用化学（群論）　など

問題17の正解 (4)

解説

$X=\begin{pmatrix} x & y \\ z & u \end{pmatrix}$ とおくとき，

$$AX=\begin{pmatrix} a & b \\ c & d \end{pmatrix}\begin{pmatrix} x & y \\ z & u \end{pmatrix}=\begin{pmatrix} ax+bz & ay+bu \\ cx+dz & cy+du \end{pmatrix}$$

$$XA=\begin{pmatrix} x & y \\ z & u \end{pmatrix}\begin{pmatrix} a & b \\ c & d \end{pmatrix}=\begin{pmatrix} ax+cy & bx+dy \\ az+cu & bz+du \end{pmatrix}$$

$AX=XA$ より

$$\begin{cases} ax+bz=ax+cy & \cdots① \\ ay+bu=bx+dy & \cdots② \\ cx+dz=az+cu & \cdots③ \\ cy+du=bz+du & \cdots④ \end{cases}$$

①，④より

$bz=cy \quad \cdots⑤$

X は任意の行列であり，その成分である x，y，z，u も任意である。
どのような y，z の値でも⑤が成り立つためには，$b=c=0$ で，
このとき，②と③から

$(a-d)y=0$，$(a-d)z=0$

が導かれ，どのような y，z の値でも上式が成り立つための条件は

$a-d=0$ すなわち $a=d$ である。

以上より，求める条件は，$a=d$，$b=c=0$ である。

ワンポイント

選択肢 (4) の $a=d$, $b=c=0$ とは, $A=\begin{pmatrix} a & 0 \\ 0 & a \end{pmatrix}=aE$,

$E=\begin{pmatrix} 1 & 0 \\ 0 & 1 \end{pmatrix}$ は単位行列です。

つまり, 行列 A が単位行列のスカラー倍のとき,
$AX=aEX=aX$, また $XA=XaE=aX$ より,
$AX=XA$ となって, 任意の行列 X との積が交換可能 (可換) となります。

一般的に2 つの行列 A, B の積は, $AB \neq BA$ と非可換です。ミクロな世界を記述する量子力学ではこの性質を使って物理量の不確定関係を表すことができます。

問題 18

三角関数の極限値を求めよう！

極限値 $\lim_{x \to 0} \dfrac{\sin bx}{\sin ax}$ を次から選びなさい。ただし，$ab \neq 0$ とします。

(1) $\dfrac{1}{a+b}$　　(2) $\dfrac{1}{ab}$　　(3) $\dfrac{b}{a}$

(4) $\dfrac{a}{b}$　　(5) $\sin\left(\dfrac{a}{b}\right)$

考え方 $\lim_{x \to 0} \dfrac{\sin x}{x} = \lim_{x \to 0} \dfrac{x}{\sin x} = 1$ は重要な公式です。

適用分野 機械工学，構造力学　など

問題18の正解　(3)

解説

$$\lim_{x \to 0} \frac{\sin bx}{\sin ax} = \lim_{x \to 0} \left(\frac{\sin bx}{bx} \cdot \frac{ax}{\sin ax} \cdot \frac{b}{a} \right) = 1 \cdot 1 \cdot \frac{b}{a} = \frac{b}{a}$$

ワンポイント

$\lim_{x \to 0} \dfrac{\sin ax}{x} = \lim_{x \to 0} \dfrac{\sin ax}{ax} \cdot a = 1 \cdot a = a$ となります。

関連する極限として $\lim_{x \to 0} \dfrac{\tan x}{x} = 1$，$\lim_{x \to \infty} \dfrac{\cos x}{x} = 0$ も覚えておきましょう。

問題 19

偏微分の計算はサクッとエレガントに！

2変数関数$f(x,y)=\mathrm{Arctan}(ax+by+1)$ （a，bは0でない定数）を マクローリン展開したとき，xyの係数を次から選びなさい。 ただし，$\mathrm{Arctan}\,x$は$\tan x$の逆関数を表し，$-\dfrac{\pi}{2}<\mathrm{Arctan}\,x<\dfrac{\pi}{2}$を満たすものとします。

(1) $-\dfrac{ab}{2}$　(2) $\dfrac{ab}{2}$　(3) $-\dfrac{a+b}{2}$

(4) $\dfrac{1}{2ab}$　(5) $-\dfrac{\sqrt{ab}}{2}$

考え方

$f(x,y)=f(0,0)+\dfrac{1}{1!}\left(x\dfrac{\partial}{\partial x}+y\dfrac{\partial}{\partial y}\right)f(0,0)+\dfrac{1}{2!}\left(x\dfrac{\partial}{\partial x}+y\dfrac{\partial}{\partial y}\right)^2 f(0,0)+\cdots$で

xyの係数は，$\dfrac{1}{2!}(2xy)\dfrac{\partial^2 f(0,0)}{\partial x\partial y}$より，

$\dfrac{\partial^2 f(0,0)}{\partial x\partial y}$を求めればよいことになります。

適用分野　金融工学，AI（深層学習），土木工学，航空工学　など

問題19の正解　(1)

解説

$$\frac{\partial f}{\partial y}=\frac{b}{1+(ax+by+1)^2},\quad \frac{\partial^2 f}{\partial x\partial y}=-b\frac{2a(ax+by+1)}{\{1+(ax+by+1)^2\}^2}$$

$x=y=0$を代入して，$\dfrac{\partial^2 f(0,0)}{\partial x\partial y}=-b\dfrac{2a}{4}=-\dfrac{ab}{2}$が得られます。

ワンポイント

$\tan x$の逆関数である$\mathrm{Arctan}\,x$は，$\tan^{-1}x$とも表記します。

$\tan^{-1}x$の導関数は，$\dfrac{d}{dx}\tan^{-1}x=\dfrac{1}{1+x^2}$です。

他の逆三角関数の導関数

$$\frac{d}{dx}\sin^{-1}x=\frac{1}{\sqrt{1-x^2}},\quad \frac{d}{dx}\cos^{-1}x=-\frac{1}{\sqrt{1-x^2}}$$

もあわせて覚えておきましょう。

問題 20 漸化式を活用した定積分の計算

定積分 $2020\times\dfrac{\int_0^1(1-x^{20})^{100}\,dx}{\int_0^1(1-x^{20})^{101}\,dx}$ の値を次から選びなさい。

(1) $\dfrac{2020}{2021}$　(2) 2020×2021　(3) $\dfrac{2021}{2020}$

(4) 2022　(5) 2021

考え方 $I_n=\int_0^1(1-x^{20})^n\,dx$ とおいて，漸化式がつくれないか調べてみましょう。

適用分野 機械工学，構造力学　など

問題20の正解　(5)

解説

$I_n = \int_0^1 (1-x^{20})^n \, dx$（nは整数）とおくと，

$$2020 \times \frac{\int_0^1 (1-x^{20})^{100} dx}{\int_0^1 (1-x^{20})^{101} dx} = 2020 \ \frac{I_{100}}{I_{101}}$$ より，

$$\begin{aligned}
I_{101} &= \int_0^1 (1-x^{20})^{101} dx = \int_0^1 (1-x^{20})(1-x^{20})^{100} dx \\
&= \int_0^1 (1-x^{20})^{100} dx - \int_0^1 x^{20}(1-x^{20})^{100} dx = I_{100} - \int_0^1 x \cdot x^{19}(1-x^{20})^{100} dx \\
&= I_{100} - \int_0^1 x \cdot \left\{ -\frac{1}{2020} \frac{d}{dx}(1-x^{20})^{101} \right\} dx \\
&= I_{100} - \left\{ \left[-\frac{x(1-x^{20})^{101}}{2020} \right]_0^1 + \frac{1}{2020} \int_0^1 (1-x^{20})^{101} dx \right\} \\
&= I_{100} - \frac{1}{2020} I_{101}
\end{aligned}$$

よって，$\left(1+\frac{1}{2020}\right) I_{101} = I_{100}$ より，

$\frac{2021}{2020} I_{101} = I_{100}$，　$\frac{I_{100}}{I_{101}} = \frac{2021}{2020}$

以上より，$2020 \frac{I_{100}}{I_{101}} = 2021$ が得られます。

ワンポイント

本問では，次の部分積分の手法を用います。

$$\int_a^b f(x)g'(x)dx = \left[f(x)g(x) \right]_a^b - \int_a^b f'(x)g(x)dx$$

また，$\int x^{19}(1-x^{20})^{100} dx$ の計算は

$1-x^{20} = t$ とおけば，$-20x^{19}dx = dt$ より，

$$\int x^{19}(1-x^{20})^{100} dx = -\int \frac{1}{20} t^{100} dt = -\frac{1}{20} \cdot \frac{t^{101}}{101} = -\frac{1}{2020}(1-x^{20})^{101}$$

よって，$x^{19}(1-x^{20})^{100} = -\frac{1}{2020} \frac{d}{dx}(1-x^{20})^{101}$

となることに注意してください。ただし積分定数は省略しています。

問題 21

三角形の外接円と内接円の半径の比を求めよう！

△ABCにおいて，AB＝8，BC＝5，∠ABC＝60°とします。
△ABCの外接円の半径を R，内接円の半径を r とするとき，
$\dfrac{R}{r}$ の値を次から選びなさい。

(1) 2　(2) 3　(3) $\dfrac{7}{3}$　(4) $\dfrac{\sqrt{7}}{3}$　(5) $\dfrac{3\sqrt{3}}{2}$

考え方 正弦定理と余弦定理を活用します。

適用分野 土木工学（測量），GPS（測位）など

問題21の正解 (3)

解説

余弦定理より，$AC^2 = 8^2 + 5^2 - 2 \cdot 8 \cdot 5\cos 60° = 89 - 80 \cdot \dfrac{1}{2} = 49$
よって，$AC = 7$
外接円の半径を R とすれば，正弦定理より

$$\frac{7}{\sin 60°} = 2R \text{ より，} R = \frac{7\sqrt{3}}{3}$$

また，△ABCの面積 $= \dfrac{1}{2} \cdot 8 \cdot 5 \cdot \sin 60° = 20 \cdot \dfrac{\sqrt{3}}{2} = 10\sqrt{3}$
内接円の半径を r とすれば，

$$\frac{1}{2}(8+5+7)r = 10r = 10\sqrt{3} \text{（※）となります。}$$

$10r = 10\sqrt{3}$ より，$r = \sqrt{3}$

よって，$\dfrac{R}{r} = \dfrac{\frac{7}{3}\sqrt{3}}{\sqrt{3}} = \dfrac{7}{3}$

ワンポイント

三角形の面積 S，内接円の半径 r と 3辺の長さ a，b，c の関係は，
$S = rs$　$(2s = a + b + c)$ で，上記（※）で使われています。
三角比と図形の計量ではいろいろな公式が出てきますので，正確に理解してください。

問題 22

赤球と白球の入った袋の確率の大小比較！

赤球5個，白球10個の計15個入った袋があります。この袋から中を見ないで3個の球を同時に取り出すとき，赤球がちょうど n 個取り出される確率を p_n とします。ただし，n は0，1，2，3 のいずれかで，p_0 は3個とも白球である確率を表します。このとき，p_0 p_1 p_2 p_3 の値の大小比較で正しいものを次から選びなさい。

(1) $p_3 < p_2 < p_0 < p_1$　　(2) $p_3 < p_2 < p_1 < p_0$

(3) $p_3 < p_0 < p_2 < p_1$　　(4) $p_2 < p_3 < p_0 < p_1$

(5) $p_2 < p_0 < p_3 < p_1$

考え方　p_0，p_1，p_2，p_3 の値をすべて計算し，大きさを比較します。

適用分野　金融工学，生命保険数理　など

問題22の正解　(1) $p_3 < p_2 < p_0 < p_1$　$\left(p_0 = \frac{24}{91},\ p_1 = \frac{45}{91},\ p_2 = \frac{20}{91},\ p_3 = \frac{2}{91}\right)$

解説

15個の球から3個の球を取り出すとき，その球の取り出し方の総数は，${}_{15}C_3$（通り）

そのうち，n 個が赤球（ただし，$0 \leqq n \leqq 3$）で，残り（$3-n$）個が白球であるのは，${}_5C_n \times {}_{10}C_{3-n}$（通り）

よって，$p_n = \dfrac{{}_5C_n \times {}_{10}C_{3-n}}{{}_{15}C_3}$

これより，

$$p_0 = \frac{{}_5C_0 \times {}_{10}C_3}{{}_{15}C_3} = \frac{1\times 120}{455} = \frac{24}{91}$$

$$p_1 = \frac{{}_5C_1 \times {}_{10}C_2}{{}_{15}C_3} = \frac{5\times 45}{455} = \frac{45}{91}$$

$$p_2 = \frac{{}_5C_2 \times {}_{10}C_1}{{}_{15}C_3} = \frac{10\times 10}{455} = \frac{20}{91}$$

$$p_3 = \frac{{}_5C_3 \times {}_{10}C_0}{{}_{15}C_3} = \frac{10\times 1}{455} = \frac{2}{91}$$

よって，$p_3 < p_2 < p_0 < p_1$ となります。

ワンポイント

15個の球から3個の球を取り出すとき，その球の取り出し方の総数は，

${}_{15}C_3 = \dfrac{15\cdot 14\cdot 13}{3\cdot 2\cdot 1} = 455$（通り）となります。

問題
23

三角関数の入り口ー加法定理は確実に！

α，β はともに鋭角で，$\sin\alpha = \dfrac{1}{3}$，$\sin\beta = \dfrac{2}{3}$ のとき，$\sin(\alpha+\beta)$ の値を次から選びなさい。

(1) $\dfrac{2\sqrt{10}+2}{9}$　(2) $\dfrac{2\sqrt{10}-2}{9}$　(3) $\dfrac{4\sqrt{2}-\sqrt{5}}{9}$

(4) $\dfrac{-4\sqrt{2}+\sqrt{5}}{9}$　(5) $\dfrac{4\sqrt{2}+\sqrt{5}}{9}$

考え方　三角関数の加法定理を利用します。
α，β はともに鋭角であることに注意してください。

適用分野　機械工学，構造力学　など

問題23の正解　(5)

解説

α，β はともに鋭角なので，$\cos\alpha > 0$, $\cos\beta > 0$ となって

$$\cos\alpha = \sqrt{1-\left(\frac{1}{3}\right)^2} = \frac{2\sqrt{2}}{3}, \quad \cos\beta = \sqrt{1-\left(\frac{2}{3}\right)^2} = \frac{\sqrt{5}}{3}$$

よって，

$$\sin(\alpha+\beta) = \sin\alpha\cos\beta + \cos\alpha\sin\beta$$
$$= \frac{1}{3}\cdot\frac{\sqrt{5}}{3} + \frac{2\sqrt{2}}{3}\cdot\frac{2}{3} = \frac{4\sqrt{2}+\sqrt{5}}{9}$$

ワンポイント

三角関数の加法定理は確実に覚えてください。この定理から2倍角，3倍角，半角の公式などいろいろな公式が導かれます。

問題 24

対数と指数の方程式，一見難しそうですが。。。

方程式

$$x^{\log_{10} x} = 1000\sqrt{x}$$

のすべての解を次から選びなさい。

(1) $\dfrac{\sqrt{10}}{100}$　(2) $\dfrac{\sqrt{10}}{100}$，100　(3) $\dfrac{\sqrt{10}}{100}$，10

(4) $10\sqrt{10}$，100　(5) 100

方程式の両辺に対して，対数をとってみましょう。

問題24の正解　(2)

解説

$x^{\log_{10} x} = 1000\sqrt{x}$ の両辺に対し，底10の対数をとると

$$(\log_{10} x)^2 = \log_{10} 1000 + \log_{10} \sqrt{x}$$
$$= 3 + \frac{1}{2}\log_{10} x$$

$\log_{10} x = X\,(x > 0)$ とおくと，上式は

$$2X^2 - X - 6 = 0$$

$(X-2)(2X+3) = 0$ より $X = 2,\ -\dfrac{3}{2}$

$X = 2$ のとき，$\log_{10} x = 2$ より，$x = 10^2 = 100$

$X = -\dfrac{3}{2}$ のとき，$x = 10^{-\frac{3}{2}} = \dfrac{1}{10^{\frac{3}{2}}} = \dfrac{1}{10\sqrt{10}} = \dfrac{\sqrt{10}}{100}$

ワンポイント

指数方程式

$$a^{f(x)} = b^{g(x)}\quad (a > 0,\ a \neq 1,\ b > 0,\ b \neq 1)$$

に対して，両辺の対数をとって

$$f(x)\log a = g(x)\log b$$

を解きます。

問題 25

等比数列と相加平均の条件から式の値を求めよう！

a，b，c は正の整数で，$\dfrac{b}{a}$ も整数とします。さらに，a，b，c は等比数列で，a，b，c の相加平均が $b+2$ に等しく，また $\dfrac{b}{a}=r$ とするとき，$\dfrac{a^2+a-7}{a+1}+\dfrac{r^2+r-1}{r+3}$ の値を次から選びなさい。

（1）6　（2）7　（3）8　（4）9　（5）10

考え方　$\dfrac{b}{a}$ は整数より，$\dfrac{b}{a}=r$（整数）とおけることに注意してください。

適用分野　金融工学　など

問題25の正解　（1）

解説

a，b，c は等比数列で，$\dfrac{b}{a}=r$（整数）より，a，b，c はそれぞれ a，ar，ar^2 とおける。

また，a，b，c の相加平均は $b+2$ に等しいので，$\dfrac{a+ar+ar^2}{3}=ar+2$

上式より，$ar^2+ar+a=3ar+6$

すなわち，$a(r-1)^2=6$

a，r が整数で，上式を満たすには，$r=2$ でなければならない。

このとき，$a=6$ より

$$\frac{a^2+a-7}{a+1}+\frac{r^2+r-1}{r+3}=\frac{6^2+6-7}{6+1}+\frac{2^2+2-1}{2+3}=\frac{35}{7}+\frac{5}{5}=5+1=6$$

ワンポイント

a，b，c の相加平均は $\dfrac{a+b+c}{3}$，相乗平均は $\sqrt[3]{abc}$ で

相加平均 ≧ 相乗平均　の関係があります。

ただし，a，b，c は正または0とします。

問題 26

放物線で囲まれた部分の面積は積分で確実に！

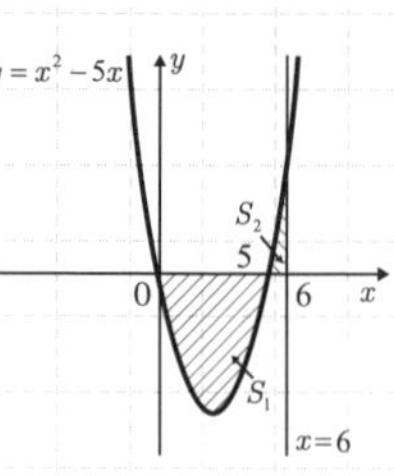

右の図のように，放物線 $y=x^2-5x$ と x 軸で囲まれた部分の面積を S_1 とし，また，この放物線の $x \geqq 5$ の部分と x 軸および，直線 $x=6$ で囲まれた部分の 面積を S_2 とします。

このとき，2つの面積の和 S_1+S_2 を次から選びなさい。

(1) 23　　(2) $\frac{71}{3}$　　(3) 24　　(4) $\frac{73}{3}$　　(5) $\frac{74}{3}$

考え方　放物線と x 軸との交点の座標は，簡単な計算や図からも（5，0）であることがわかります。

適用分野　機械力学，構造力学　など

問題26の正解　(2)

解説

$$S_1=-\int_0^5(x^2-5x)dx=-\left[\frac{x^3}{3}-\frac{5}{2}x^2\right]_0^5=\frac{125}{6}$$

$$S_2=\int_5^6(x^2-5x)dx=\left[\frac{x^3}{3}-\frac{5}{2}x^2\right]_5^6=\frac{17}{6}$$

よって，$S_1+S_2=\frac{125}{6}+\frac{17}{6}=\frac{142}{6}=\frac{71}{3}$

ワンポイント

S_1 と S_2 の定積分の計算で，符号に注意すること。もしも，$S_1=\int_0^1(x^2-5x)dx$ と計算すると，$S_1=-\frac{125}{6}$ となって面積がマイナスになるので要注意!

要は，2つの面積の和 S_1+S_2 は，

$$\int_0^6|x^2-5x|dx$$

を計算すればよいことになります。

問題
27

与えられた条件から3次関数の係数を求めよう！

関数 $f(x)=ax^3+bx^2+cx+d$ があります。この関数が，$x=-2$ のときに極大値 15，$x=4$ のときに極小値 -12 をとるとき，定数 a，b，c，d の和 $a+b+c+d$ の値を次から選びなさい。

(1) $\dfrac{1}{2}$　(2) $\dfrac{3}{2}$　(3) $-\dfrac{1}{2}$　(4) $-\dfrac{3}{2}$　(5) 0

考え方　$f'(-2)=f'(4)=0$，$f(-2)=15$，$f(4)=-12$ の 4 つの条件より，連立方程式が得られ，4 つの定数 a，b，c，d の値を求めます。

問題27の正解　(2)

解説

$f(x)=ax^3+bx^2+cx+d$，　$f'(x)=3ax^2+2bx+c$ より

$$\begin{cases} f'(-2)=12a-4b+c=0 & \cdots① \\ f'(4)=48a+8b+c=0 & \cdots② \\ f(-2)=-8a+4b-2c+d=15 & \cdots③ \\ f(4)=64a+16b+4c+d=-12 & \cdots④ \end{cases}$$

②−①より，　$b=-3a$　…⑤

①と⑤より，　$c=-12a+4b=-12a-12a=-24a$　…⑥

④−③より，　$24a+4b+2c=-9$ に，⑤，⑥を代入すれば

$$24a+4(-3a)+2(-24a)=-9$$

$-36a=-9$ より，$a=\dfrac{1}{4}$

⑤，⑥に代入すれば，　$b=-\dfrac{3}{4}$，　$c=-6$

③より，

$$d=8a-4b+2c+15=8\cdot\frac{1}{4}-4\left(-\frac{3}{4}\right)+2(-6)+15=2+3-12+15=8$$

$a=\dfrac{1}{4}$，　$b=-\dfrac{3}{4}$，　$c=-6$，　$d=8$ より，　$a+b+c+d=\dfrac{3}{2}$

ワンポイント

$f(x)$ は $x=-2$ のときに極大値をとり，$x=4$ のときに極小値をとるので，$a>0$ となります。実際 $a=\dfrac{1}{4}$ が得られるので，条件を満たしています。

問題 28

コイン投げで表が出る回数の期待値と標準偏差

n を自然数として，1枚のコイン投げを $10n$ 回行います。この $10n$ 回のコイン投げで，表が出る合計回数を X とします。ただし，コインの表と裏の出る確率は等しいとします。

このとき，X の平均値を m，標準偏差を σ とするとき，これらの正しい組 (m,σ) を次から選びなさい。

(1) $\left(5n,\ \dfrac{\sqrt{5n}}{2}\right)$　(2) $\left(\dfrac{5n}{2},\ \sqrt{10n}\right)$　(3) $\left(\dfrac{5}{2}n,\ \dfrac{\sqrt{10n}}{2}\right)$

(4) $\left(5n,\ \sqrt{10n}\right)$　(5) $\left(5n,\ \dfrac{\sqrt{10n}}{2}\right)$

考え方　本事象が二項分布にしたがうことがわかれば，容易に解答できるでしょう。

適用分野　金融工学，生命保険数理　など

問題28の正解　(5)

解説

X は二項分布 $B\left(10n,\dfrac{1}{2}\right)$ にしたがうので，平均値 $m=10n\times\dfrac{1}{2}=5n$

標準偏差 $\sigma=\sqrt{10n\times\dfrac{1}{2}\times\dfrac{1}{2}}=\sqrt{\dfrac{5n}{2}}=\dfrac{\sqrt{10n}}{2}$ となります。

ワンポイント

二項分布 $B(n,p)$ の平均値 m と標準偏差 σ の算出は以下の公式で確実に求められるように!

$m=np,\ \ \sigma=\sqrt{npq}$　　$(q=1-p)$

(分散は $\sigma^2=npq$)

問題 29

確率密度関数の係数の値を求めよう！

aを定数とします。このとき，実数全体を定義域とする確率密度関数

$$f(x)=\begin{cases} a(x-x^2) & (0 \leqq x \leqq 1) \\ 0 & (x<0,\ \ 1<x) \end{cases}$$

について，aの値と$f(x)$が定める確率分布の分散の正しい組合せを次から選びなさい。

	aの値	分散
(1)	6	$\frac{1}{8}$
(2)	6	$\frac{1}{20}$
(3)	4	$\frac{4}{45}$
(4)	4	$\frac{1}{45}$
(5)	3	$\frac{7}{80}$

考え方 連続的な確率密度関数$f(x)$に対し，確率変数が区間$[a,b]$で値が与えられているとき，$\int_a^b f(x)dx=1$となります。

適用分野 金融工学，生命保険数理 など

問題29の正解　(2)

解説

まず，$\int_{-\infty}^{\infty} f(x)dx=1$ より，

$\int_0^1 a(x-x^2)\,dx=1$ を満たす a の値を求める。

$$\int_0^1 a(x-x^2)\,dx=a\left[\frac{x^2}{2}-\frac{x^3}{3}\right]_0^1=a\left(\frac{1}{2}-\frac{1}{3}\right)=\frac{1}{6}a=1 \text{ より，} a=6$$

次に，平均値 $m=\int_0^1 xf(x)dx=6\int_0^1 (x^2-x^3)dx$

$$=6\left(\frac{1}{3}-\frac{1}{4}\right)=6\cdot\frac{1}{12}=\frac{1}{2}$$

また，$\int_0^1 x^2 f(x)dx=6\int_0^1 (x^3-x^4)dx=6\left(\frac{1}{4}-\frac{1}{5}\right)=6\cdot\frac{1}{20}=\frac{3}{10}$

よって，分散 $V=\int_0^1 x^2 f(x)dx-m^2=\frac{3}{10}-\left(\frac{1}{2}\right)^2=\frac{3}{10}-\frac{1}{4}=\frac{1}{20}$

ワンポイント

分散 $V=\int_0^1 (x-m)^2 f(x)dx=\int_0^1 (x^2-2mx+m^2)f(x)dx$

$$=\int_0^1 x^2 f(x)dx-2m\int_0^1 xf(x)dx+m^2\int_0^1 f(x)dx$$

ここで，$m=\int_0^1 xf(x)dx$，$\int_{-\infty}^{\infty} f(x)dx=1$ より

$V=\int_0^1 x^2 f(x)dx-2m^2+m^2=\int_0^1 x^2 f(x)dx-m^2$ となります。

問題 30

ベクトルの大きさの最小値は？

平面上のベクトル $\vec{a}=(2,\ -1)$, $\vec{b}=(-1,\ 3)$ があります。実数 k に対し，ベクトル $\vec{p}=k\vec{a}+\vec{b}$ を定めます。$-1\leqq k\leqq\frac{3}{2}$ に対して，$|\vec{p}|$ の最小値を m とするとき，m^2 の値を次から選びなさい。

(1) $\sqrt{5}$　　(2) 3　　(3) 5　　(4) 15　　(5) 25

考え方 ベクトルの大きさは k に関する2次関数の平方根になるので，$-1\leqq k\leqq\frac{3}{2}$ における2次関数の最小値を求めます。

適用分野	機械工学，構造力学　など

問題30の正解	(3)

解説

$\vec{p}=k(2,-1)+(-1,3)=(2k-1,-k+3)$ より

$|\vec{p}|=\sqrt{(2k-1)^2+(-k+3)^2}=\sqrt{5k^2-10k+10}=\sqrt{5(k-1)^2+5}$

平方根内は k の2次関数になるので，$-1\leqq k\leqq\frac{3}{2}$ より，

$k=1$ のとき，最小値 $m=\sqrt{5}$ となるので，$m^2=5$

ワンポイント

ベクトル $\vec{p}$ の大きさは $|\vec{p}|$ であり，$|\vec{p}|^2$ と勘違いしないように!

問題
31

空間の4点が同一平面上にあるときの条件とは？

空間に4点 O$(0, 0, 0)$，A$(-2, 2, 2)$，B$(1, -3, 4)$，C$(-3, 5, k)$ があります。この4点が同一平面上にあるとき，実数 k の値を求めなさい。

(1) 1　　(2) −1　　(3) 2　　(4) −2　　(5) 3

考え方　4点が同一平面上にあるとは，ベクトルでどのように表せるか考えましょう。

問題31の正解　(4)

解説

$\overrightarrow{OC}=s\overrightarrow{OA}+t\overrightarrow{OB}$（$s,t$：実数）と表すことができるので，

$(-3,5,k)=s(-2,2,2)+t(1,-3,4)$

各成分で表せば，

$$\begin{cases} -3=-2s+t & \cdots① \\ 5=2s-3t & \cdots② \\ k=2s+4t & \cdots③ \end{cases}$$

①と②より，$s=1$，$t=-1$

③に代入して，$k=2\times1+4\times(-1)=-2$

ワンポイント

$\overrightarrow{OC}=s\overrightarrow{OA}+t\overrightarrow{OB}$ において，$s+t=1$ のとき点C は2点A，B を通る直線上にあります。

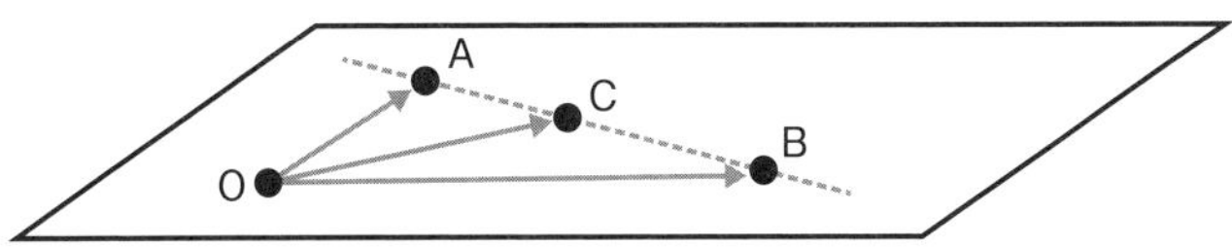

問題 32

対数関数を含んだ定積分の計算

定積分 $\int_2^3 \log_e(x-1)dx$ の値を次から選びなさい。

(1) $\log_e 2-1$　　(2) $2\log_e 2-2$　　(3) $2\log_e 2-1$

(4) $3\log_e 2-1$　　(5) $3\log_e 2-2$

考え方 対数関数の積分 $\int \log_e x\,dx$ を公式として覚えていれば計算は素早くできるでしょう。

適用分野 機械工学，構造力学　など

問題32の正解　(3)

解説

$x-1=t$ とおくと，$x:2\to3$ に対して，$t:1\to2$ となるので

$$\int_2^3 \log_e(x-1)dx=\int_1^2 \log_e t\,dt=[t\log_e t-t]_1^2=2\log_e 2-2-(0-1)$$
$$=2\log_e 2-1$$

ワンポイント

$\int \log_e x\,dx = x\log_e x - x + C = x(\log_e x-1)+C$ は

公式として覚えていた方がよいでしょう。

忘れた場合，部分積分を使って

$$\int \log_e x\,dx=\int x'\log_e x\,dx = x\log_e x-\int x(\log_e x)'\,dx$$
$$=x\log_e x-\int x\cdot\frac{1}{x}dx = x\log_e x-x+C$$

とすぐに導けるように。

問題 33

4次方程式の実数解の個数を求めよう！

4次方程式 $x^4-4x^3+10x^2+3x-1=0$ において，異なる実数解の個数を次から選びなさい。

（1）0個　（2）1個　（3）2個　（4）3個　（5）4個

考え方　$f(x)=x^4-4x^3+10x^2+3x-1$ は4次関数ですが，導関数を調べてみると単純な増減をすることがわかります。

問題33の正解　（3）

解説

$f(x)=x^4-4x^3+10x^2+3x-1$ とおいて

$f'(x)=4x^3-12x^2+20x+3$

$f''(x)=12x^2-24x+20=12(x^2-2x+1-1)+20$

$=12(x-1)^2+8>0$

$f(x)$ は下に凸の関数である。

$\lim_{x\to\infty}f(x)=\lim_{x\to-\infty}f(x)=\infty$，また

$f(0)=-1<0$ より2個の実数解をとる。

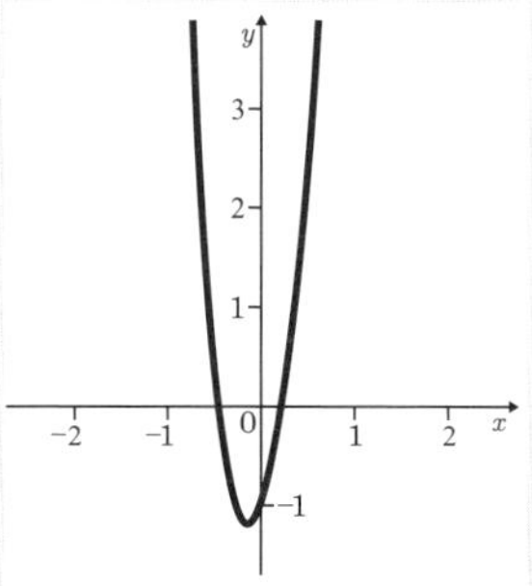

ワンポイント

4次関数だから3個の極値や4個の実数解をもつとは限りません。
本問のように係数によっては，2次関数のような増減をする場合もあります。

問題 34

積分の方程式ー微分と積分の世界を行き来しよう！

$x \geqq 0$ において微分可能な関数 $f(x)$ が

$$\int_0^x f(t)\cos t\,dt = f(x) - \sin x$$

を満たすとき，$f(x)$ を次から選びなさい。

(1) $e^{\sin x+\cos x}$　(2) $1-e^{\cos x}$　(3) $e^{\sin x}-1$

(4) $1-e^{-\sin x}$　(5) $1+e^{\sin x}$

考え方　両辺を x で微分すると，微分方程式になることがわかります。

適用分野　機械力学，構造力学，生命科学（ライフサイエンス）など

問題34の正解　(3)

解説

$\int_0^x f(t)\cos t dt = f(x) - \sin x$　…①　の両辺を x で微分すると，

$f(x)\cos x = f'(x) - \cos x$

$f(x) = y$ とおくと，$y\cos x = y' - \cos x$ より，

$y' = (y+1)\cos x$ となるので，

$$\int \frac{dy}{y+1} = \int \cos x dx$$

$\log_e |y+1| = \sin x + C$（$C$：定数）より

$|y+1| = e^{\sin x + C}$，　$y+1 = \pm e^{\sin x + C}$

$y = -1 \pm e^{\sin x + C} = -1 + Ae^{\sin x}$　…②　（$A = \pm e^C$ とおいた）

①において，$x=0$ を代入すれば，$0 = f(0) - 0$

すなわち，$f(0) = 0$ なので，

②に $x=0$ を代入して $0 = -1 + A \cdot 1$，すなわち $A=1$ となる。

よって，$y = -1 + e^{\sin x}$ が得られる。

ワンポイント

上記の解説で，$y' = (y+1)\cos x$ から，$\int \frac{dy}{y+1} = \int \cos x dx$ のように変形できる微分方程式を，変数分離形といいます。

変数分離形の微分方程式は，一般的には $\frac{dy}{dx} = f(x)g(y)$ の形で，

その一般解は

$$\int \frac{1}{g(y)} dy = \int f(x) dx + C \quad (C：定数)$$

と表せます。

微分方程式は，さらに，同次形や1階線形微分方程式などがあります。

微分方程式は，本問のような1変数関数に関する常微分方程式，多変数関数に関する偏微分方程式などがあります。

問題 35

偏微分の計算は正確かつスピーディーに！

関数 $f(x,y)=e^{-(x^2+y^2)}$ について，$f_{xx}+f_{yy}$ を次から選びなさい。

ただし，$f_{xx}=\dfrac{\partial^2 f}{\partial x^2}$，$f_{yy}=\dfrac{\partial^2 f}{\partial y^2}$ を表します。

(1) $2e^{-(x^2+y^2)}(x^2+y^2)$　(2) $4e^{-(x^2+y^2)}(x^2+y^2-2)$

(3) $4e^{-(x^2+y^2)}(x^2+y^2-1)$　(4) $2e^{-(x^2+y^2)}(2x^2+2y^2-1)$

(5) $e^{-(x^2+y^2)}(4x^2+4y^2-1)$

考え方 多変数関数に対し，偏微分とよばれる計算を行います。
本問では 2 変数関数 $f(x,y)$ の 2 次の偏導関数を求めます。

適用分野 金融工学，河川工学，土木工学，電気工学，航空工学　など

問題35の正解　(3)

解説

$f(x,y)=e^{-(x^2+y^2)}$ に対して，

$$f_x=\frac{\partial f}{\partial x}=-2xe^{-(x^2+y^2)}$$

$$f_{xx}=\frac{\partial^2 f}{\partial x^2}=-2\left(e^{-(x^2+y^2)}+x(-2x)e^{-(x^2+y^2)}\right)=-2e^{-(x^2+y^2)}(1-2x^2)$$

同様に，$f_{yy}=\dfrac{\partial^2 f}{\partial y^2}=-2e^{-(x^2+y^2)}(1-2y^2)$ が得られるので，

よって，$f_{xx}+f_{yy}=-2e^{-(x^2+y^2)}(2-2x^2-2y^2)$

$$=4e^{-(x^2+y^2)}(x^2+y^2-1)$$

ワンポイント

2変数関数 $f(x,y)$ に対して，

y をとめて（y を定数として）x だけを変化させる偏導関数 $f_x=\dfrac{\partial f}{\partial x}$，

さらに2次の偏導関数は $f_{xx}=\dfrac{\partial^2 f}{\partial x^2}$ で表します。

また，x をとめて（x を定数として）y だけ変化させる偏導関数 $f_y=\dfrac{\partial f}{\partial y}$，

2次の偏導関数は $f_{yy}=\dfrac{\partial^2 f}{\partial y^2}$ で表します。

特に，$f_{xx}+f_{yy}=\dfrac{\partial^2 f}{\partial x^2}+\dfrac{\partial^2 f}{\partial y^2}=\Delta f$ と表して，$\Delta=\dfrac{\partial^2}{\partial x^2}+\dfrac{\partial^2}{\partial y^2}$ を

(2次元の) ラプラシアンといいます。

問題 36

極限値をもつ条件から，定数を求めよう！

実数α，βに対し，$\lim_{x \to 0} \frac{x^2 \sin \beta x}{\alpha x - \sin x} = 3$ が成り立つとき，$6\alpha\beta$ の値を次から選びなさい。

(1) 2　(2) 3　(3) 4　(4) 6　(5) 9

考え方　$\sin x$ と $\sin \beta x$ を $x = 0$ におけるテイラー展開を行って，分子と分母ともに x の整級数（べき級数）で表してみましょう。

適用分野　機械力学　など

問題36の正解　(2)

$$\lim_{x\to 0}\frac{x^2\sin\beta x}{\alpha x-\sin x}=\lim_{x\to 0}\frac{x^2\left(\beta x-\frac{\beta^3x^3}{3!}+\frac{\beta^5x^5}{5!}-\cdots\right)}{\alpha x-\left(x-\frac{x^3}{3!}+\frac{x^5}{5!}-\cdots\right)}$$

$$=\lim_{x\to 0}\frac{x^3\left(\beta-\frac{\beta^3x^2}{3!}+\frac{\beta^5x^4}{5!}-\cdots\right)}{(\alpha-1)x+\frac{x^3}{3!}-\frac{x^5}{5!}+\cdots}=3$$

上式で$\alpha-1=0$，すなわち$\alpha=1$のとき，

$$3=\lim_{x\to 0}\frac{x^3\left(\beta-\frac{\beta^3x^2}{3!}+\frac{\beta^5x^4}{5!}-\cdots\right)}{\frac{x^3}{3!}-\frac{x^5}{5!}+\cdots}=\lim_{x\to 0}\frac{\beta-\frac{\beta^3x^2}{3!}+\cdots}{\frac{1}{3!}-\frac{x^2}{5!}+\cdots}=6\beta$$

よって，$\alpha=1$，$\beta=\frac{1}{2}$なので，$6\alpha\beta=6\cdot1\cdot\frac{1}{2}=3$が得られます。

ワンポイント

関数$f(x)$の$x=a$におけるテイラー展開は

$$f(x)=f(a)+\frac{f'(a)}{1!}(x-a)+\frac{f''(a)}{2!}(x-a)^2+\cdots+\frac{f^{(n)}(a)}{n!}(x-a)^n+\cdots$$

特に，$a=0$においては，マクローリン展開といいます。

基本関数e^xや$\sin x$などのマクローリン展開は，以下のようになります。

$$e^x=1+\frac{x}{1!}+\frac{x^2}{2!}+\cdots+\frac{x^n}{n!}+\cdots$$

$\sin x=x-\frac{x^3}{3!}+\frac{x^5}{5!}+\cdots$　☜ 奇関数，xの奇数のべき乗の和になることに注意！

$\cos x=1-\frac{x^2}{2!}+\frac{x^4}{4!}-\cdots$　☜ 偶関数，xの偶数のべき乗の和になることに注意！

問題
37

関数のマクローリン展開―微分の達人になろう！

1変数関数 $f(x)=\sqrt{1-x+2x^2}$ をマクローリン展開したときの x^4 の係数を求めなさい。

(1) $\frac{21}{128}$　(2) $-\frac{21}{128}$　(3) $-\frac{63}{64}$　(4) $-\frac{63}{16}$　(5) $\frac{63}{16}$

考え方　$f^{(4)}(0)$ ではなく，$\dfrac{f^{(4)}(0)}{4!}$ を求めることになります。
計算が煩雑になるので計算力が問われます。

適用分野　機械工学，構造力学　など

問題37の正解　(2)

$f(x)=\sqrt{1-x+2x^2}$ に対して微分を繰り返し行って，第4次導関数まで求めます。

$$f'(x)=\frac{1}{2}\cdot\frac{-1+4x}{\sqrt{1-x+2x^2}}$$

$$f''(x)=\frac{1}{2}\cdot\frac{4\sqrt{1-x+2x^2}-(-1+4x)\cdot\frac{-1+4x}{2\sqrt{1-x+2x^2}}}{1-x+2x^2}$$

$$=\frac{1}{2}\cdot\frac{4(1-x+2x^2)-\frac{1}{2}(1-4x)^2}{(1-x+2x^2)^{\frac{3}{2}}}=\frac{1}{2}\cdot\frac{4-4x+8x^2-\frac{1}{2}(16x^2-8x+1)}{(1-x+2x^2)^{\frac{3}{2}}}$$

$$=\frac{1}{2}\cdot\frac{\frac{7}{2}}{(1-x+2x^2)^{\frac{3}{2}}}=\frac{7}{4}(1-x+2x^2)^{-\frac{3}{2}}$$

$$f'''(x)=\frac{7}{4}\left(-\frac{3}{2}\right)(1-x+2x^2)^{-\frac{5}{2}}(4x-1)=-\frac{21}{8}(1-x+2x^2)^{-\frac{5}{2}}(4x-1)$$

$$f^{(4)}(x)=-\frac{21}{8}\left\{-\frac{5}{2}(1-x+2x^2)^{-\frac{7}{2}}(4x-1)^2+4(1-x+2x^2)^{-\frac{5}{2}}\right\}$$ より

$$f^{(4)}(0)=-\frac{21}{8}\left(-\frac{5}{2}\cdot(-1)^2+4\cdot1\right)=-\frac{21}{8}\left(-\frac{5}{2}+4\right)=-\frac{21}{8}\cdot\frac{3}{2}=-\frac{63}{16}$$

求める係数は，$\dfrac{f^{(4)}(0)}{4!}=-\dfrac{\overset{21}{\cancel{63}}}{16}\cdot\dfrac{1}{4\cdot\underset{1}{\cancel{3}}\cdot2\cdot1}=-\dfrac{21}{128}$

ワンポイント

x^4 の係数だからといって，$f^{(4)}(0)$ を求めるものと勘違いしないように！

問題 38

1次変換－行列の合成変換とは？

2つの1次変換 f，g を表す行列をそれぞれ $A=\begin{pmatrix} 2 & -1 \\ 5 & -3 \end{pmatrix}$，$B$ とします。

合成変換 $g \circ f$ を表す行列が $\begin{pmatrix} 18 & -10 \\ -1 & 0 \end{pmatrix}$ であるとき，

行列 B を次から選びなさい。

(1) $\begin{pmatrix} 4 & 2 \\ -3 & 1 \end{pmatrix}$　(2) $\begin{pmatrix} 4 & -2 \\ -3 & 1 \end{pmatrix}$　(3) $\begin{pmatrix} 4 & 2 \\ 3 & 1 \end{pmatrix}$

(4) $\begin{pmatrix} -4 & 2 \\ 3 & -1 \end{pmatrix}$　(5) $\begin{pmatrix} 4 & 2 \\ 3 & -1 \end{pmatrix}$

考え方　合成変換 $g \circ f$ を表す行列は BA となります。
AB と勘違いしないようにしてください。

適用分野　制御工学，画像工学（3D グラフィックス）など

問題38の正解 (1)

解説

$g\circ f$ を表す行列は BA であることから，$BA=\begin{pmatrix}18 & -10\\ -1 & 0\end{pmatrix}$

これより，

$$B=\begin{pmatrix}18 & -10\\ -1 & 0\end{pmatrix}A^{-1}\text{ で求めることができる。}$$

ここで，$A^{-1}=\dfrac{1}{-6-(-5)}\begin{pmatrix}-3 & 1\\ -5 & 2\end{pmatrix}=-\begin{pmatrix}-3 & 1\\ -5 & 2\end{pmatrix}=\begin{pmatrix}3 & -1\\ 5 & -2\end{pmatrix}$ なので

$$B=\begin{pmatrix}18 & -10\\ -1 & 0\end{pmatrix}\begin{pmatrix}3 & -1\\ 5 & -2\end{pmatrix}=\begin{pmatrix}4 & 2\\ -3 & 1\end{pmatrix}$$

ワンポイント

1次変換 f を表す行列を A，また g を表す行列を B とするとき，

$$\begin{pmatrix}x'\\ y'\end{pmatrix}=A\begin{pmatrix}x\\ y\end{pmatrix},\quad \begin{pmatrix}x''\\ y''\end{pmatrix}=B\begin{pmatrix}x'\\ y'\end{pmatrix}\text{ より}$$

$$\begin{pmatrix}x''\\ y''\end{pmatrix}=B\begin{pmatrix}x'\\ y'\end{pmatrix}=BA\begin{pmatrix}x\\ y\end{pmatrix}\quad \cdots①$$

1次変換 f の後に1次変換 g を行ったときの合成変換を $g\circ f$ とすれば，
①より $g\circ f$ を表す行列は BA となります。

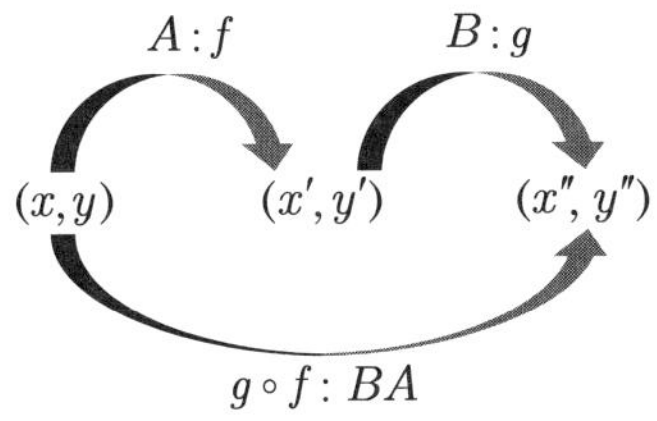

なお，

合成変換 $g\circ f$ を表す行列は，BA

合成変換 $f\circ g$ を表す行列は，AB

一般的に，$BA\neq AB$ です。

問題 39

線形代数の入り口—逆行列の計算は確実に！

行列 $\begin{pmatrix} 1 & 0 & -2 \\ 2 & 3 & 1 \\ 2 & 1 & -2 \end{pmatrix}$ **の逆行列を次から選びなさい。**

(1) $\begin{pmatrix} 7 & -2 & 6 \\ -6 & 2 & -5 \\ -4 & -1 & 3 \end{pmatrix}$　(2) $\begin{pmatrix} -7 & -2 & 6 \\ 6 & 0 & -5 \\ -4 & -1 & 3 \end{pmatrix}$　(3) $\begin{pmatrix} -7 & 2 & 6 \\ 6 & 2 & -5 \\ -4 & -1 & 3 \end{pmatrix}$

(4) $\begin{pmatrix} -7 & -2 & 3 \\ 6 & -2 & -5 \\ -4 & -1 & 3 \end{pmatrix}$　(5) $\begin{pmatrix} -7 & -2 & 6 \\ 6 & 2 & -5 \\ -4 & -1 & 3 \end{pmatrix}$

考え方　3×3行列の逆行列を求めるには掃き出し法や余因子による方法が考えられますが，選択肢の行列との積が単位行列になればこれが逆行列になります。

適用分野　制御工学，応用化学，画像工学，経済学　など

問題39の正解　(5)

$$\begin{pmatrix}-7&-2&6\\6&2&-5\\-4&-1&3\end{pmatrix}\begin{pmatrix}1&0&-2\\2&3&1\\2&1&-2\end{pmatrix}=\begin{pmatrix}1&0&-2\\2&3&1\\2&1&-2\end{pmatrix}\begin{pmatrix}-7&-2&6\\6&2&-5\\-4&-1&3\end{pmatrix}=\begin{pmatrix}1&0&0\\0&1&0\\0&0&1\end{pmatrix}$$

と単位行列になるので，(5) が正解です。

ワンポイント　参考までに掃き出し法で求めてみましょう。

与えられた行列の右に3次単位行列を付加した行列に対して行基本変形を行います。行列の左半分が単位行列になったら，右半分の行列が逆行列になります。これを掃き出し法といいます。

$$\left(\begin{array}{ccc|ccc}1&0&-2&1&0&0\\2&3&1&0&1&0\\2&1&-2&0&0&1\end{array}\right)\to\left(\begin{array}{ccc|ccc}-1&-1&0&1&0&-1\\0&2&3&0&1&-1\\2&1&-2&0&0&1\end{array}\right)\to\left(\begin{array}{ccc|ccc}-1&-1&0&1&0&-1\\0&2&3&0&1&-1\\0&-1&-2&2&0&-1\end{array}\right)$$

第3行の（−1）倍を第1行、第2行にそれぞれ加える

第1行の2倍を第3行に加える

$$\to\left(\begin{array}{ccc|ccc}-1&-1&0&1&0&-1\\0&0&-1&4&1&-3\\0&-1&-2&2&0&-1\end{array}\right)\to\left(\begin{array}{ccc|ccc}1&1&0&-1&0&1\\0&1&2&-2&0&1\\0&0&1&-4&-1&3\end{array}\right)$$

第3行の2倍を第2行に加える

第1行から第3行のすべて（−1）をかけた後，第2行と第3行を入れかえる

$$\to\left(\begin{array}{ccc|ccc}1&1&0&-1&0&1\\0&1&0&6&2&-5\\0&0&1&-4&-1&3\end{array}\right)\to\left(\begin{array}{ccc|ccc}1&0&0&-7&-2&6\\0&1&0&6&2&-5\\0&0&1&-4&-1&3\end{array}\right)$$

第3行の（−2）倍を第2行に加える

第2行の（−1）倍を第1行に加える

よって，[点線枠] の部分が求める逆行列になります。

問題 40

連立1次方程式が無限の解をもつ場合とは？

実数 α に対して，次の線形連立方程式

$$\begin{pmatrix} 1 & \alpha & \alpha^2 \\ \alpha & 1 & \alpha \\ \alpha^2 & \alpha & 1 \end{pmatrix}\begin{pmatrix} x \\ y \\ z \end{pmatrix} = \begin{pmatrix} 1 \\ -1 \\ 1 \end{pmatrix}$$

が無限個の解をもつとき，$1+\alpha+\alpha^2+\alpha^3+\cdots+\alpha^{10}$ の値を次から選びなさい。

(1) -1　(2) 0　(3) 1　(4) 11　(5) 2047

考え方 係数行列の行列式＝０とき，連立方程式の解は不定や不能になります。

適用分野 電気工学，画像工学　など

問題40の正解　(3)

解説

係数行列の行列式 $\begin{vmatrix} 1 & \alpha & \alpha^2 \\ \alpha & 1 & \alpha \\ \alpha^2 & \alpha & 1 \end{vmatrix}=0$ となるので，

$$\begin{vmatrix} 1 & \alpha & \alpha^2 \\ \alpha & 1 & \alpha \\ \alpha^2 & \alpha & 1 \end{vmatrix}=1+2\alpha^4-(\alpha^4+2\alpha^2)=\alpha^4-2\alpha^2+1=(\alpha^2-1)^2=0$$ より

$\alpha^2-1=0$，よって $\alpha=\pm1$ が得られる。

(ⅰ) $\alpha=1$ のとき，$x+y+z=1$，$x+y+z=-1$，$x+y+z=1$ となり，解が定まらない，いわゆる不能になる。

(ⅱ) $\alpha=-1$ のとき，$x-y+z=1$，$-x+y-z=-1$，$x-y+z=1$ となり，いわゆる不定で，無限個の解をもつ。

よって，$\alpha=-1$ を $1+\alpha+\alpha^2+\alpha^3+\cdots+\alpha^{10}$ に代入すれば，

$$1+\alpha+\alpha^2+\alpha^3+\cdots+\alpha^{10}=\frac{1-\alpha^{11}}{1-\alpha}=\frac{1-(-1)^{11}}{2}=\frac{2}{2}=1$$

ワンポイント

2次および3次の行列式の求め方は，サラスの方法などで素早く計算できるようにしてください。

2次の行列式

$$\begin{vmatrix} a_{11} & a_{12} \\ a_{21} & a_{22} \end{vmatrix}=a_{11}a_{22}-a_{12}a_{21}$$

3次の行列式

$$\begin{vmatrix} a_1 & a_2 & a_3 \\ b_1 & b_2 & b_3 \\ c_1 & c_2 & c_3 \end{vmatrix}=a_1b_2c_3+a_2b_3c_1+a_3b_1c_2-a_1b_3c_2-a_2b_1c_3-a_3b_2c_1$$

COLUMN 1

実は日常で使われているデータ分析

ブログやSNSをはじめとしたインターネットの普及で，誰もが様々な情報を受発信しています。また，パソコンやスマートフォンの性能向上により，解像度の高い写真や動画データの加工編集なども個人が容易に行えるようになりました。そうして発信した様々な情報へのアクセス数や「いいね」の数などは，「ユーザーからの反響」という新たな情報として収集，蓄積されます。

このように，私たちはデータをたやすく加工し，多くの情報を発信し，様々なデータを収集するのが当たり前になっています。誰もが手軽にデータを扱っている時代なのです。

一方で，「データを分析する」ことは，高度な技術が必要で少しハードルが高いと考える人が多いのではないでしょうか。ここで，仕事の現場を想像してみましょう。アンケートを実施して結果を上司に報告する，という作業はどの業界にもある仕事で，読者のなかにも経験した方はいるでしょう。これは「データを収集して分析する」業務の1つです。

また，チームで仕事を進める際には，メンバーの進捗状況を管理する必要があります。これも，進捗状況というデータから情報を読み取り，指示につなげる「データ分析」業務です。

どちらの場合も，それほど高度な分析は必要なく，業務を遂行できるはずです。データ分析というと大げさに聞こえるかもしれませんが，実際，多くの人は経験しているのです。

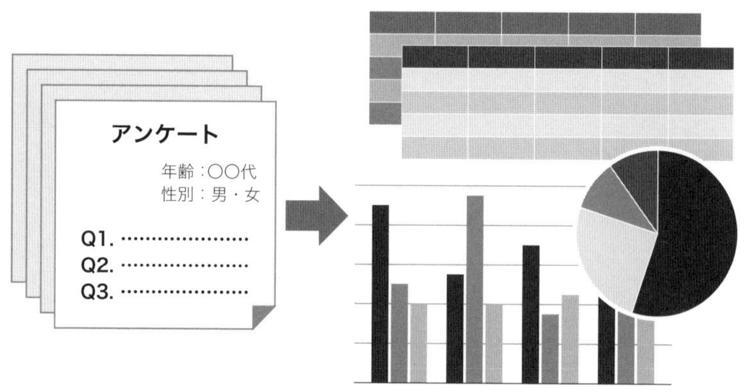

仕事を離れて，テレビでプロ野球を見ている状況を考えてみましょう。テレビの解説や字幕テロップでは，打率や本塁打数，打点など打者についてのデータだけでなく，投球回数や防御率など投手についてのデータが紹介されます。そのほかにも様々なデータが与えられ，私たちはそのデータをもとに試合の行方を予測しながら楽しんでいます。

このときに与えられるのはあくまでもデータであり，それをどう解釈するかは視聴者の自由です。「この投手からは打てそうだ」「最近調子が悪いな」など，様々な感想を持ちますが，その裏側にはデータがあります。そして，選手自身も，過去の対戦結果などを考え，それを次の対戦に生かしています。細かなデータ分析はしていないかもしれませんが，何かしらのデータを使って戦略を練り対策を講じていることは確かでしょう。

私たちはすでに多くのデータに触れ，自然と分析し，その情報をもとに意思決定や行動決定をしているのです。

COLUMN 2

データサイエンスで求められるスキル

ツールを使ってデータを分析する力があっても，分析結果を相手に伝える能力と，その結果をビジネスに生かす能力がないと活用することができません。

まずは「伝える能力」です。相手に伝えるためにグラフなどで表現する方法もありますが，毎回手作業でグラフ化するのは面倒です。そこで，手作業に相当する部分をプログラムとして実装し，アプリケーションやサービスとして提供すれば，手作業をすることなくグラフ化などができ，データ分析結果を人に伝えやすくなります。

このようなアプリケーションやサービスを実現するには，プログラミン能力があるだけでは不十分で，データ分析の基礎知識がないと実装するのは難しいでしょう。業務アプリケーションを作るときに業務知識が必要なように，データ分析結果を伝えるにはデータ分析の知識が求められます。データ分析結果を人に伝えるには，データについての洞察力が必要です。プロ野球のデータの場合，打率や防御率が何を意味するのか，どうやって求められるのかを知っておかないと，分析結果を伝えることなどできるはずがありません。

次に「ビジネスに生かす能力」です。データ分析結果を意味のある形にするアプリケーションやサービスに実装できたとしても，それだけでは何も変わりません，実務において，分析結果から得たことを実際の対象に反映しなければ意味がないのです。ここでは，ビジネス面での利用者の視点が求められます。

これらの力は，図のような「データサイエンティストに必要なスキル」として取り上げられることが多く，幅広い知識が求められていることが分かります。

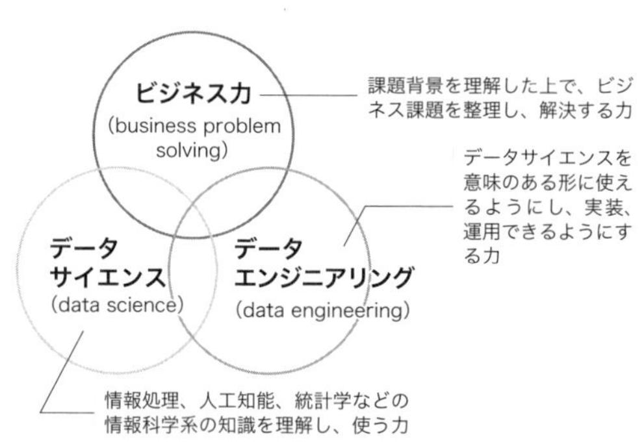

出典：データサイエンティスト協会プレスリリース（2014.12.10）
http://www.datascientist.or.jp/news/2014/pdf/1210.pdf

第2章

ジャンル②

機械学習・深層学習の数学的理論の理解

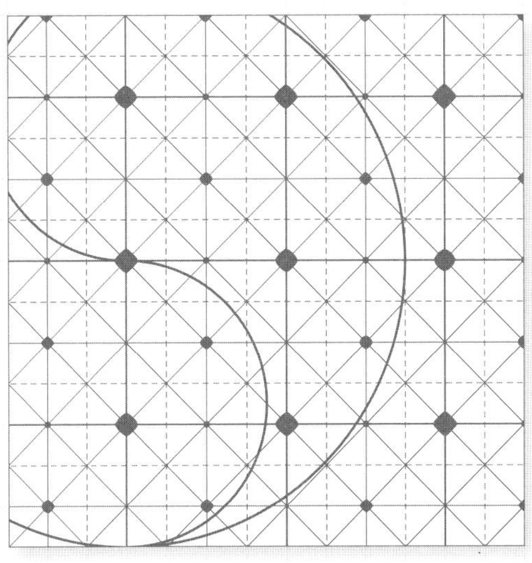

INTRODUCTION イントロダクション

機械学習・深層学習の数学的理論の理解(ジャンル②)はなぜ必要か?

デジタル化が進み，業務上の判断は長年の業務経験から蓄積データに基づいた分析に移行しています。データを活用し，AIと一緒に仕事をするには，機械学習の基本やニューラルネットワークの原理などを押さえておくことが重要です。

本ジャンルでは，データ分析・AIの核となる機械学習・深層学習をメインテーマとして取り扱います。

基礎理論では，ネットショッピングの商品レコメンド機能でも活用されている距離・相関性による類似度について，また，データ分析の精度を高めるために，誤差を限りなく小さく抑えるための損失関数についても取り扱います。

機械学習分野では，教師あり学習（正解を与えた状態で学習させる手法）の回帰（連続値を扱い，過去から未来にかけての値やトレンドを予測），分類（あるデータがどのクラス（グループ）に属するかを予測）や，教師なし学習（正解を与えない状態で学習させる手法）のクラスタリング（類似性の高い性質を持つものを集め，後から意味づけを行う）を主として，各データの学習・分析・評価技法に役立つような数学的理論を学びます。

深層学習では，パーセプトロン（人間の脳神経回路を真似た単純学習モデル）の考え方から，多層に組み合わせたニューラルネットワーク，さらに，画像認識に強い畳み込みニューラルネットワーク（CNN）についても触れます。

※上記は，あくまで中・上級資格全般を示しており，本書の問題は，その一部を取り上げています。

中級　出題範囲

以下の学習分野かつ中学校数学＋数学Ⅰ・A範囲での数学的理論

- 基礎理論 …… 機械学習，深層学習に役立つ基礎的理論
  距離・相関性による類似度，活性化関数，損失関数，最小二乗法 など
- 機械学習 …… データサイエンス戦略・施策に必要な機械学習の基礎
  教師あり学習：回帰(回帰直線)，分類(線形識別，混同行列) など
  教師なし学習：クラスタリング，次元削減 など
  関連研究分野：自然言語処理，データマイニング など
- 深層学習 …… データサイエンス戦略・施策に必要な深層学習の基礎
  ニューラルネットワークの原理，勾配降下法，
  畳み込みニューラルネットワーク（CNN）など

上級　出題範囲

<中級 出題範囲>の学習分野に加え，数学Ⅱ・B以上の数学も用いた数学的理論
<中級 出題範囲>記載の基礎理論，機械学習，深層学習の範囲にて，偏微分や数列，対数関数，ベクトル，行列等も多分に用いた，より実践的または複雑な理論

問題 41

ニューラルネットワークのデータを適切に処理できる行列はどれか？

身長，体重，体脂肪率の3つのデータをもとに，4つのグループに分けるため，次のような3層ニューラルネットワークを考えました。

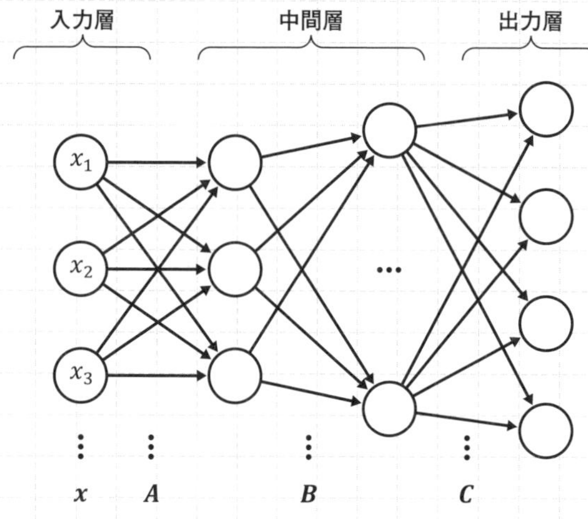

入力する3つのデータをベクトル $\boldsymbol{x}=\begin{pmatrix}x_1\\x_2\\x_3\end{pmatrix}$ とし，入力層から中間層，中間層から出力層への重みをそれぞれ次のような行列 $\boldsymbol{A}$，$\boldsymbol{C}$ で与えます。中間層内での重みを表現する行列 $\boldsymbol{B}$ も使って，入力層から出力層までの順伝播を考えるとき，出力が $\boldsymbol{CBAx}$ という式で計算できるような行列 $\boldsymbol{B}$ の例として適切なものを選びなさい。なお，バイアスや活性化関数は考えないものとします。

$$\boldsymbol{A}=\begin{pmatrix}1 & 0 & -1\\0 & 1 & 1\\1 & -1 & 0\end{pmatrix}\qquad \boldsymbol{C}=\begin{pmatrix}1 & 0\\2 & -1\\-1 & 1\\0 & -2\end{pmatrix}$$

(1) $\begin{pmatrix}1 & 0\\0 & 1\end{pmatrix}$　(2) $\begin{pmatrix}1 & 0 & -1\\0 & -1 & 1\end{pmatrix}$　(3) $\begin{pmatrix}1 & 0\\0 & -1\\1 & 1\end{pmatrix}$

(4) $\begin{pmatrix}1 & -1 & 0\\0 & 1 & -1\\1 & 1 & 0\end{pmatrix}$　(5) $\begin{pmatrix}1 & 0 & -1 & 1\\2 & -1 & 1 & 0\\-1 & 1 & 0 & 1\end{pmatrix}$

考え方　与えられた行列の掛け算 $\boldsymbol{CBA}$ が成立するためには，中間に入る行列 $\boldsymbol{B}$ がどうあるべきかを考えれば，おのずと正解を導くことができます。

問題41の正解 (2)

解説

行列 $\boldsymbol{C}$ が4行2列，行列 $\boldsymbol{A}$ が3行3列であることから，行列の掛け算 $\boldsymbol{CBA}$ が成立するためには，行列 $\boldsymbol{B}$ は2行3列である必要があります。2行3列の行列は(2)が該当します。

問題 42

回帰問題の評価指標で用いられる平均二乗誤差の式を具体的に表すと？

回帰問題では，代表的な評価指標として平均二乗誤差（MSE）が知られています。$i=1,2,3,\cdots,N$ として実測データを y_i，回帰式による評価データを $\hat{y}_i$ とするとき，平均二乗誤差は，$\frac{1}{N}\sum_{i=1}^{N}(y_i-\hat{y}_i)^2$ と表すことができます。

上記の平均二乗誤差の式は，具体的には何を表すか次から選びなさい。

(1) $\frac{(y_1-\hat{y}_1)+(y_2-\hat{y}_2)+\cdots+(y_N-\hat{y}_N)}{N}$

(2) $\frac{\{(y_1+y_2+\cdots+y_N)-(\hat{y}_1+\hat{y}_2+\cdots+\hat{y}_N)\}^2}{N}$

(3) $\frac{(y_1+y_2+\cdots+y_N)^2-(\hat{y}_1+\hat{y}_2+\cdots+\hat{y}_N)^2}{N}$

(4) $\frac{(y_1-\hat{y}_1)^2+(y_2-\hat{y}_2)^2+\cdots+(y_N-\hat{y}_N)^2}{N}$

(5) $\frac{|y_1-\hat{y}_1|+|y_2-\hat{y}_2|+\cdots+|y_N-\hat{y}_N|}{N}$

考え方　平均二乗誤差の式は，正解値と予測値のズレの大きさを示す損失関数（誤差関数）を考える上でもよく出てくる計算式ですので，マスターしておきましょう。

問題42の正解　(4)

解説

数列のΣ（シグマ記号）の計算に従えば，

$\sum_{i=1}^{N}(y_i-\hat{y}_i)^2 = (y_1-\hat{y}_1)^2+(y_2-\hat{y}_2)^2+\cdots+(y_N-\hat{y}_N)^2$ と計算できます。

よって，$\frac{1}{N}\sum_{i=1}^{N}(y_i-\hat{y}_i)^2=\frac{(y_1-\hat{y}_1)^2+(y_2-\hat{y}_2)^2+\cdots+(y_N-\hat{y}_N)^2}{N}$ が正解になります。

問題
43

喫煙と肺がんの関係性を表すグラフは？

1日当たりの喫煙量を x 本とし，罹患者の症例から，喫煙と肺がんの発生確率（%）を分析したところ，

$$f(x) = \frac{1}{1+\exp\{-(a+bx)\}} \quad (a,\ b \text{は定数})$$

で表すことができたと仮定します。$a=-2$，$b=0.1$ のときの $f(x)$（$x \geqq 0$）のグラフを次から選びなさい。

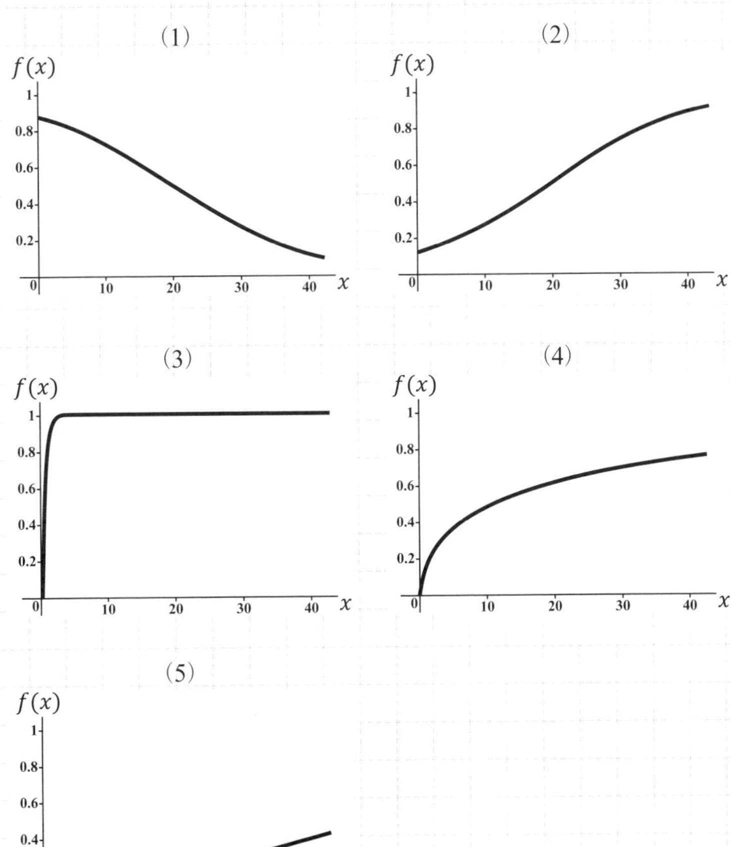

考え方 $f(x)$ に実際に $a=-2$，$b=0.1$ を代入して，$x=0$ のときの値，および x の増加に対する $f(x)$ の増減を考えてみましょう。

問題43の正解 (2)

解説

$x=0$ のときも $f(x)>0$ であるため，(1)，(2) に絞られます。また，$x\to\infty$ のとき，$\exp(2-0.1x)=e^{2-0.1x}\to 0$ より，$f(x)\to 1$ となり，関数の値が1に近づくグラフとなるため，(2) が正解といえます。

各グラフの式は，以下の通りになります。

(1) $f(x)=\frac{1}{1+\exp(-2+0.1x)}$

(2) $f(x)=\frac{1}{1+\exp(2-0.1x)}$

(3) $f(x)=\tanh x$

(4) $f(x)=0.2\log_e(x+1)$

(5) $f(x)=0.01x$

問題 44

検査装置のF値の条件から偽陽性サンプル数の範囲を導こう！

病院内のある検査装置で，下の表のような混同行列（真の値と予測値の分類表）を得ました。例えば，罹患者のサンプル1384個に対して，正しく陽性と識別したサンプル数が1236個，誤って陰性と識別したサンプル数が148個であったことを示します。

（個）

	検査結果		計
	陽性	陰性	
罹患者	1236	148	1384
非罹患者	(A)	946	—

この検査装置のF値（再現率と適合率の調和平均）を0.8以上に設定するとき，上記（A）の値の範囲を次から選びなさい。再現率（真陽性率）とは，罹患者を正しく陽性と判別した割合であり，適合率とは，陽性者のうち実際に罹患している割合を示します。また，調和平均とは逆数の平均の逆数のことです。

(1) (A) ≦ 228　　(2) (A) ≧ 328　　(3) (A) ≦ 328

(4) (A) ≧ 470　　(5) (A) ≦ 470

考え方　問題文の説明に従い，再現率，適合率，F 値を順番に求めてみましょう。

問題44の正解　(5)

解説

再現率$=\frac{1236}{1384}$，適合率$=\frac{1236}{1236+(A)}$，F値は，$\left(\frac{1}{再現率}+\frac{1}{適合率}\right)\div 2$の逆数であり，

$$F値=\frac{2}{\frac{1}{再現率}+\frac{1}{適合率}}=\frac{2}{\frac{1384}{1236}+\frac{1236+(A)}{1236}}=\frac{2}{\frac{2620+(A)}{1236}}\geqq 0.8$$

$$2620+(A)\leqq\frac{2\times1236}{0.8}(=3090)$$

$$(A)\leqq 470$$

と計算できます。

問題 45

複数商品のデザイン性・機能性の関係を階層的にまとめよう！

下の表は，5つの新商品A，B，C，D，Eのデザイン性と機能性を数値化し，比較した結果です。

	商品A	商品B	商品C	商品D	商品E
デザイン性	10	7	8	8	4
機能性	8	6	9	6	7

5つの新商品に対し，上記性質を用いて階層的クラスタ分析を行い，商品の類似性の高さを樹形図で整理しました。ここで，階層的クラスタ分析とは，個体間のユークリッド距離（2点間の直線距離）の近さを類似度（類似性）の高さとし，類似度の高い順に集めてクラスタ（似ている性質どうしの集まり）を作っていく方法です。

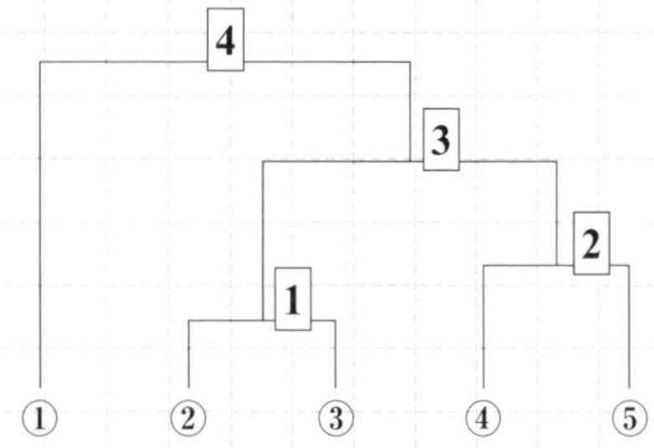

次の①から⑤は5つの新商品A～Eのどれかに対応しています。正しいものを次から選びなさい。なお，1，2，3，4はクラスタ化した順序を示します。

選択肢	①	②	③	④	⑤
(1)	商品E	商品A	商品D	商品B	商品C
(2)	商品B	商品A	商品C	商品E	商品C
(3)	商品E	商品A	商品C	商品B	商品D
(4)	商品A	商品B	商品D	商品E	商品C
(5)	商品E	商品B	商品D	商品A	商品C

考え方 デザイン性を横軸，機能性を縦軸とする座標上に，商品A～Eの5点をマッピングし，ユークリッド距離の近い（類似度の高い）商品どうしを結び付けていきます。

問題45の正解　(5)

解説

デザイン性を横軸，機能性を縦軸とする座標上に，商品A ～ E の5点をマッピングした結果は，図の通りです。

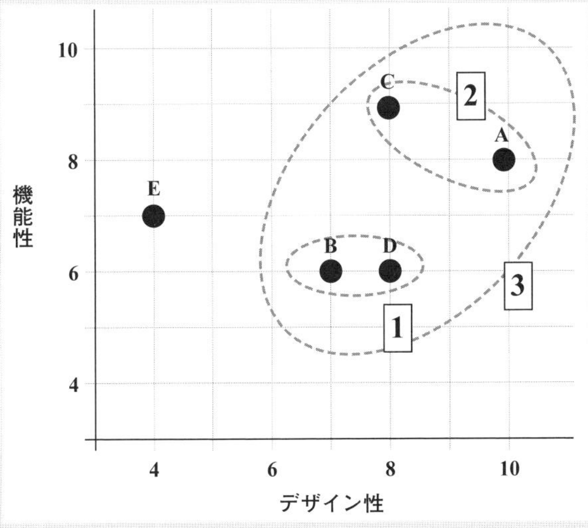

図より，(5) の組み合わせが適切といえます。

問題 46

正解値と予測値のズレの大きさを最小にする勾配降下法

ニューラルネットワークにおいて，損失関数（正解値と予測値のズレの大きさを示す関数）を最小化するために「勾配降下法」がよく使われます。勾配降下法とは，関数上の点を少しずつ動かして関数の傾き（勾配）を求め，関数が最小になる点を探索する手法であり，関数 $f(x, y)$ の偏微分係数を並べた $\left(\frac{\partial f}{\partial x}, \frac{\partial f}{\partial y}\right)$ を勾配ベクトルと呼びます。次の問いに答えなさい。

関数 $f(x,y) = \log(x^2 + 2y^2)$ の点 $(4,3)$ における勾配ベクトルとして，正しいものはどれですか。

(1) $\left(\frac{4}{17}, \frac{3}{17}\right)$　(2) $\left(\frac{5}{34}, \frac{5}{34}\right)$　(3) $\left(\frac{4}{17}, \frac{6}{17}\right)$　(4) $\left(\frac{5}{17}, \frac{5}{17}\right)$　(5) $\left(\frac{6}{17}, \frac{4}{17}\right)$

考え方　関数 $f(x,y)$ を x，y 各々で偏微分して，実際に x，y 座標を代入し，値を求めます。

問題46の正解　(3)

解説

関数 $f(x,y)$ を x で偏微分すると，$\frac{2x}{x^2+2y^2}$ となり，点 $(4,3)$ を代入すると $\frac{8}{34} = \frac{4}{17}$ と計算でき，同様に，y で偏微分すると，$\frac{4y}{x^2+2y^2}$ となり，点 $(4,3)$ を代入すると $\frac{12}{34} = \frac{6}{17}$ と計算できます。つまり，勾配ベクトルは $\left(\frac{4}{17}, \frac{6}{17}\right)$ と求まります。

問題
47

いろいろな距離の算出法と軌跡を見てみよう！

2つのベクトル $x = (x_1, x_2, \cdots, x_n)$, $y = (y_1, y_2, \cdots, y_n)$ に対して，4つの距離を定義します。

①市街地距離　$d(x, y) = \sum_{k=1}^{n} |x_k - y_k|$

②ユークリッド距離　$d(x, y) = (\sum_{k=1}^{n} |x_k - y_k|^2)^{\frac{1}{2}}$

③ユークリッド距離の2乗　$d(x, y) = \sum_{k=1}^{n} |x_k - y_k|^2$

④チェビシェフ距離

$$d(x, y) = \lim_{a \to \infty} \left(\sum_{k=1}^{n} |x_k - y_k|^a \right)^{\frac{1}{a}} = \max_{n} \{|x_1 - y_1|, |x_2 - y_2|, \cdots, |x_n - y_n|\}$$

2次元xy平面上において，原点からの上記4つの距離が，いずれも2となる点の軌跡を下の図の（A），（B），（C），（D）に示します。

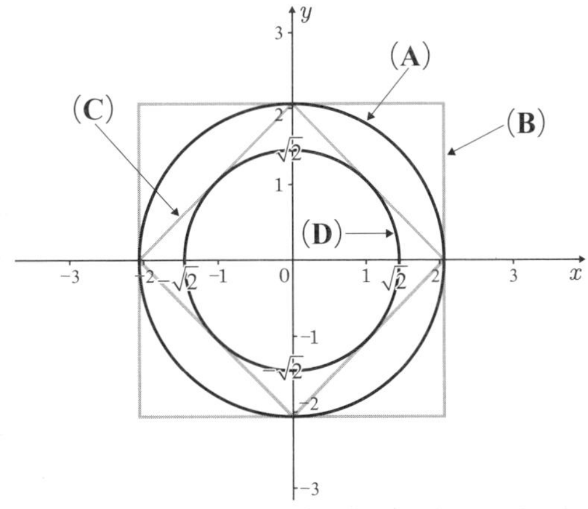

（A）～（D）の軌跡と4つの距離の組合せで正しいものを次から選びなさい。

	(A)	(B)	(C)	(D)
(1)	ユークリッド距離の2乗	チェビシェフ距離	ユークリッド距離	市街地距離
(2)	ユークリッド距離の2乗	市街地距離	チェビシェフ距離	ユークリッド距離
(3)	ユークリッド距離	市街地距離	チェビシェフ距離	ユークリッド距離の2乗
(4)	ユークリッド距離	チェビシェフ距離	市街地距離	ユークリッド距離の2乗
(5)	ユークリッド距離	ユークリッド距離の2乗	市街地距離	チェビシェフ距離

考え方　軌跡上の点の位置ベクトル（x，y）と原点（0，0）との各距離が2であることより，問題文の4つの式を整理していくと，解答を導くことができます。

問題47の正解 (4)

解説

軌跡上の点の位置ベクトル（x, y）と原点（0, 0）との各距離が2であることより，それぞれ以下のように整理することができます。

①市街地距離

$$d(x,y) = |x-0| + |y-0| = |x| + |y| = 2 \quad \rightarrow \text{(C)}$$

②ユークリッド距離

$$d(x,y) = ((x-0)^2 + (y-0)^2)^{\frac{1}{2}} = 2，\text{すなわち } x^2 + y^2 = 2^2 \rightarrow \text{(A)}$$

③ユークリッド距離の2乗

$$d(x,y) = (x-0)^2 + (y-0)^2 = x^2 + y^2 = 2 \rightarrow \text{(D)}$$

④チェビシェフ距離

$$d(x,y) = \max(|x-0|, |y-0|) = \max(|x|, |y|) = 2 \rightarrow \text{(B)}$$

問題
48

画像データから特徴を抽出する"畳み込み"で適用したフィルタはどれか？

画像データに対して，特徴量を抽出する方法として「畳み込み」があります。(A) 抽出前のデータからフィルタ（特徴量抽出・計算のためのマトリックス）を適用して，(B) のデータを抽出したとき，適用したフィルタとして適切なものを選びなさい。なお，フィルタの計算方法は，フィルタを左上から右下まで順にストライド（フィルタをずらしていく際の移動距離）1 でずらしてフィルタをデータに重ねたとき，同じ位置にある数を掛け算したものの総和とします。

(A) 抽出前のデータ

0	1	1	0	1	1
0	1	0	1	0	1
1	0	0	1	0	1
1	0	0	0	0	1
0	1	1	0	1	1
0	0	1	1	0	0

→

(B) 抽出後のデータ

−3	3	−3	3
2	1	−3	2
2	1	1	2
−3	−2	3	−3

(1)

0	−1	0
−1	5	−1
0	−1	0

(2)

$\frac{1}{9}$	$\frac{1}{9}$	$\frac{1}{9}$
$\frac{1}{9}$	$\frac{1}{9}$	$\frac{1}{9}$
$\frac{1}{9}$	$\frac{1}{9}$	$\frac{1}{9}$

(3)

1	1	1
1	−8	1
1	1	1

(4)

0	1	0
1	−4	1
0	1	0

(5)

−1	−1	−1
−1	9	−1
−1	−1	−1

考え方 選択肢のフィルタが3×3 のマトリックスのため，(A) 抽出前のデータについても，まずは左上の3×3 のデータに注目して，問題文の計算方法で算出してみよう。

問題48の正解 (4)

解説

左上に重ねたときは，次の部分について，同じ位置を掛け算したものの総和を求めることを意味します。

0	1	1
0	1	0
1	0	0

(1) ～ (5) のフィルタを用いてそれぞれ計算すると，次のようになります。

(1) $0\times0+1\times(-1)+1\times0+0\times(-1)+1\times5+0\times(-1)+1\times0+0\times(-1)+0\times0=4$

(2) $0\times\frac{1}{9}+1\times\frac{1}{9}+1\times\frac{1}{9}+0\times\frac{1}{9}+1\times\frac{1}{9}+0\times\frac{1}{9}+1\times\frac{1}{9}+0\times\frac{1}{9}+0\times\frac{1}{9}=\frac{4}{9}$

(3) $0\times1+1\times1+1\times1+0\times1+1\times(-8)+0\times1+1\times1+0\times1+0\times1=-5$

(4) $0\times0+1\times1+1\times0+0\times1+1\times(-4)+0\times1+1\times0+0\times1+0\times0=-3$

(5) $0\times(-1)+1\times(-1)+1\times(-1)+0\times(-1)+1\times9+0\times(-1)+1\times(-1)+0\times(-1)+0\times(-1)=6$

これを他の場所にもフィルタを移動して計算すると，(4) が当てはまります（左上を計算するだけで本問の答えは求められます）。

問題
49

複数モデルからの多数決で予測能力を向上させるアンサンブル学習

決定木を使って5つのモデルを作成したところ，次のA～Eのデータに対する予測結果が表のようになりました。5つのモデルを組み合わせたランダムフォレスト（決定木をたくさん集めたもの）によるアンサンブル学習（多数決を採用した手法）の正解率はどれですか（すなわち，本問で求める正解率とは，各データの“正解”と“5つのモデルの多数決”とを突き合わせて，マッチングした率になります）。

データ	正解	モデル1	モデル2	モデル3	モデル4	モデル5
A	数学	数学	数学	英語	数学	数学
B	数学	英語	数学	数学	数学	英語
C	数学	数学	数学	数学	英語	数学
D	英語	英語	数学	英語	英語	数学
E	英語	数学	英語	英語	数学	英語

（1）20%　（2）40%　（3）60%　（4）80%　（5）100%

考え方　問題文前半の専門用語に惑わされず，後半の「すなわち～」以降を読み取れれば，おのずと解答を導くことができます。

問題49の正解 (5)

解説

ランダムフォレストによるアンサンブル学習とは，決定木を1つでなく複数に増やして多数決を採用し，予測の精度を向上させる方法であり，人間の世界で意思決定者を増やして多数決を取るやり方と考えれば，直観的に理解しやすい手法といえます。

A～Eそれぞれのデータに対する最終的な予測結果は次の表のようになります。

データ	正解	5つのモデルの多数決（数学：英語）	出力（最終的な予測結果）	正解との突合
A	数学	4:1で数学	数学	一致
B	数学	3:2で数学	数学	一致
C	数学	4:1で数学	数学	一致
D	英語	2:3で英語	英語	一致
E	英語	2:3で英語	英語	一致

本問では，正解と最終的な予測結果（5つのモデルの多数決）が全て一致するため正解率は100％といえます。

問題 50

文書における単語の重要度を測るTF-IDF を体感してみよう！

文書における単語の重要度を測る指標として，TF-IDF がよく使われます。TF（Term Frequency）は文書内での「単語の出現頻度」を，IDF（Inverse Document Frequency）は，文書集合におけるある単語が含まれる文書の割合の逆数，つまり「単語のレア度」を指します。
それぞれ，以下の式で求めるものとします。

$$TF(i,j) = \frac{\text{文書}\,i\,\text{における単語}\,j\,\text{の出現回数}}{\text{文書}\,i\,\text{におけるすべての単語の出現回数の和}}$$

$$IDF(j) = \log_2 \frac{\text{総文書数}}{\text{単語}\,j\,\text{が出現する文書数} + 1}$$

次の3つの文書を使って，文書 i における単語 j のTF-IDF値を $TF(i,j) \times IDF(j)$ で求めます。選択肢の中で，TF-IDF値がもっとも大きいのは，どの文書のどの単語ですか。

文書A	government of the people, by the people, for the people
文書B	99% of failures come from people who have the habit of making excuses
文書C	If you can dream it, you can do it

(1) 文書A でのpeople
(2) 文書B でのof
(3) 文書C でのyou
(4) 文書A でのby
(5) 文書B でのthis（文書にない単語）

考え方　文書内での単語の出現回数が多いほどTF値（単語の出現頻度）は大きくなり，少ないほど小さくなります。また，単語が他の文書にも多く出現しているほどIDF値（単語のレア度）は小さくなり，出現していなければ大きくなります。つまり，TF-IDF が大きいということは，ある文書で多く出現しているが，他の文書ではあまり出現していない（レアである）ことを意味します。
本問の解き方として，文書A ～ C の単語の出現回数を整理し，TF値とIDF値を求めていきます。例として，

$$TF(A,'people') = \frac{3}{10},\ \ IDF('people') = \log_2 \frac{3}{3} = 0$$

と計算できますので，同様に他の文書，単語の組み合わせについても計算し，TF-IDF値がもっとも大きくなる組み合わせを探します。

問題50の正解 (3)

解説

選択肢にあるそれぞれの単語の出現回数を整理すると，次の表のようになります。

単語	文書A での回数	文書B での回数	文書C での回数
people	3	1	0
of	1	2	0
you	0	0	2
by	1	0	0
this	0	0	0
全単語	10	13	9

例えば，文書A では全部で単語が10回出現し，「people」という単語は3回出現するので，

$$TF(A,'people') = \frac{3}{10}$$

です。また，単語「people」が登場するのは文書A と文書B なので，

$$IDF('people') = \log_2 \frac{3}{3} = 0$$

つまり，文書A での「people」のTF-IDF値は0 になります。

同様に計算すると，次の表のようになります（実際に計算が必要になるのは2箇所のみ）。

単語	文書A でのTF-IDF	文書B でのTF-IDF	文書C でのTF-IDF
people	0	0	0
of	0	0	0
you	0	0	$\frac{2}{9} \times \log_2 \frac{3}{2}$
by	$\frac{1}{10} \times \log_2 \frac{3}{2}$	0	0
this	0	0	0

表より，もっとも大きいTF-IDF値は$\frac{2}{9} \times \log_2 \frac{3}{2}$であり，文書C での「you」が正解となります。

問題 51

迷惑メールの自動振り分けにも使われるベイズの定理とは？

ベイズの定理は

$$P(A|B)=\frac{P(B|A)P(A)}{P(B)}$$

で表されます。いま事象 A を識別クラス（事前に決められたグループ），事象 B を観測データ（(事象が起きた結果,) 実際に観測されたデータ）とすると，左辺の $P(A|B)$ は観測データが与えられた状況下で，ある識別クラスに属する確率と考えられ，(　①　) といいます。また，右辺の $P(A)$ はある識別クラスに属する確率で，観測する前に分かっている意味で (　②　) といいます。さらに，右辺の $P(B|A)$ は識別クラスが与えられた状況下での観測データの確率のことで (　③　) と呼びます。

次の選択肢から，①，②，③に入る正しい組み合わせを選びなさい。

	①	②	③
(1)	事後確率	事前確率	尤度
(2)	事前確率	事後確率	尤度
(3)	事後確率	事前確率	周辺確率
(4)	周辺確率	事後確率	事前確率
(5)	尤度	事後確率	事前確率

考え方　ベイズの定理は，事象 A を原因，事象 B を結果とすると考えやすくなります。左辺 $P(A|B)$ は，検査等結果に基づいた原因の確率といえます。

問題51の正解　(1)

解説

問題文で挙げた確率は，それぞれ以下の通りとなります。

$P(A|B)$ 事後確率：観測データが与えられた状況下で，ある識別クラスに属する確率

$P(A)$　事前確率：観測前に分かっている識別クラスに属する確率

$P(B|A)$　尤度（ゆうど）：識別クラスが与えられた状況下での観測データの確率

ベイズの定理は，迷惑メールの自動振り分け（届いたメールを観測して，迷惑メールの確率が高いメールを判別）にも使われています。

問題52

識別関数に直交するベクトルはどれか？

2次元平面上での識別関数（入力値に対し，所属するグループを示す関数）を $w_1x_1+w_2x_2+w_0=0$ とします。原点からこの直線に直交する単位ベクトルを次から選びなさい。

(1) $\frac{1}{\sqrt{{w_1}^2+{w_2}^2}}(-w_2,w_1)$　(2) $\frac{1}{\sqrt{{w_1}^2+{w_2}^2}}(w_2,-w_1)$

(3) $\frac{1}{\sqrt{{w_1}^2+{w_2}^2}}(-w_1,w_2)$　(4) $\frac{1}{\sqrt{{w_1}^2+{w_2}^2}}(w_1,-w_2)$

(5) $\pm\frac{1}{\sqrt{{w_1}^2+{w_2}^2}}(w_1,w_2)$

考え方 まず，識別関数の方向ベクトルを求め，これに直交するベクトルをk（実数）を使って表してみましょう。

問題52の正解 (5)

解説

識別関数の方向ベクトルは $(w_2,\ -w_1)$ で，これに直交するベクトルは，$k(w_1,w_2)$（k: 実数）と表すことができます。単位ベクトルを考慮すると，$k=\pm\frac{1}{\sqrt{{w_1}^2+{w_2}^2}}$ となり，解答は以下の通りになります。

$$\pm\frac{1}{\sqrt{{w_1}^2+{w_2}^2}}(w_1,w_2)\quad \text{or}\quad \pm\left(\frac{w_1}{\sqrt{{w_1}^2+{w_2}^2}},\frac{w_2}{\sqrt{{w_1}^2+{w_2}^2}}\right)$$

問題
53

現住居と特徴が近い物件を探そう！

下の表の現住居に住んでいるNさんは，なるべく特徴の近い物件への引っ越しを考えており，物件A，B，C，D，Eを候補に挙げています。

物件	占有面積（m^2）	築年数（年）	最寄り駅（分）	家賃（万円）
現住居	23	10	8	7
物件A	20	6	3	15
物件B	25	15	15	6
物件C	35	20	13	8
物件D	18	7	7	10
物件E	27	12	5	13

現住居との類似性が最も高い物件をAからEの中からひとつ選びなさい。なお，ここで物件Xと類似性が最も高い物件とは，以下で定義するユークリッド距離 $d(X,Y)$ が最も小さい物件Yのことと考えます。

＜定義＞

物件X, Yの特徴量をそれぞれベクトル$X=(X_1,X_2,X_3,X_4)$，$Y=(Y_1,Y_2,Y_3,Y_4)$とし，ユークリッド距離 $d(X,Y)=(\sum_{k=1}^{4}|X_k-Y_k|^2)^{\frac{1}{2}}$ で定義します。

$$\begin{cases} X_1,Y_1 : \text{2物件それぞれの占有面積（m}^2\text{）} \\ X_2,Y_2 : \text{2物件それぞれの築年数（年）} \\ X_3,Y_3 : \text{2物件それぞれの最寄り駅からの徒歩時間（分）} \\ X_4,Y_4 : \text{2物件それぞれの家賃（万円）} \end{cases}$$

（1）A　（2）B　（3）C　（4）D　（5）E

考え方　現住居とA～Eの各物件とのユークリッド距離を問題文の定義に従い，計算してみましょう。

問題53の正解 (4)

解説

現住居と物件A，B，C，D，Eとのユークリッド距離を問題文の定義に従い，計算してみると以下の通りとなります。

d（現住居，A）= 10.7，d（現住居，B）= 8.9，d（現住居，C）= 16.4
d（現住居，D）= 6.6，d（現住居，E）= 8.1

上記結果より，ユークリッド距離が最も小さい物件Dが正解となります。

問題 54

人工ニューロンにおいて出力値を決定する活性化関数のグラフを見てみよう！

人工ニューロンにおいて出力値を決定する5種類の活性化関数

①（ロジスティック）シグモイド関数： $y=\frac{1}{1+e^{-x}}$

②ソフトサイン関数： $y=\frac{x}{1+|x|}$

③ソフトプラス関数： $y=\log_e(1+e^x)$

④ReLU（ランプ関数）： $y=\max(0,x)$

⑤双曲線正接関数： $y=\tanh x=\frac{e^x-e^{-x}}{e^x+e^{-x}}$

をグラフ上に図示しています。

このうち，①（ロジスティック）シグモイド関数のグラフをA～Eから選びなさい。

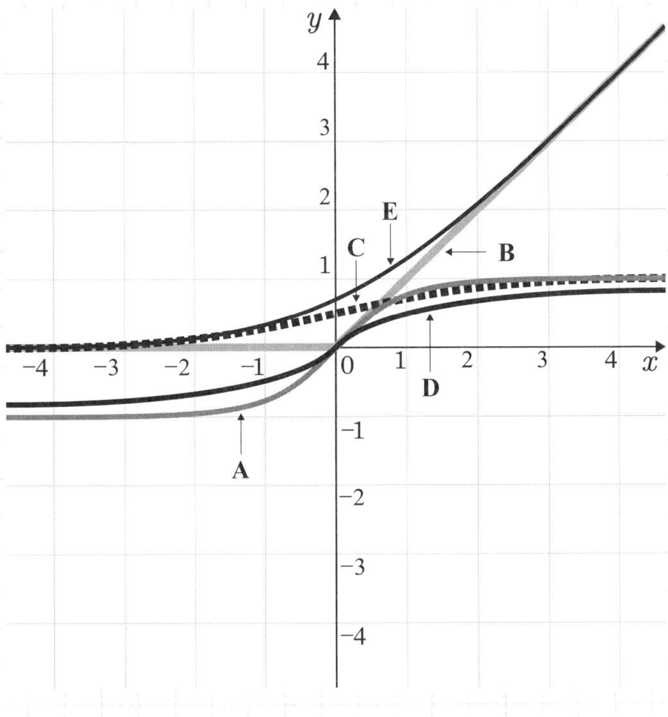

(1) A　(2) B　(3) C　(4) D　(5) E

考え方　まずは，求める関数に $x=0$ を入れてyの値を求めてみましょう。

問題54の正解　(3)

解説

グラフA～Eに該当する関数は，以下の通りになります。

A. 双曲線正接関数：$y = \tanh x = \frac{e^x - e^{-x}}{e^x + e^{-x}}$

B. ReLU（ランプ関数）：$y = \max(0, x)$

C. （ロジスティック）シグモイド関数：$y = \frac{1}{1+e^{-x}}$

D. ソフトサイン関数：$y = \frac{x}{1+|x|}$

E. ソフトプラス関数：$y = \log_e(1 + e^x)$

$x = 0$の値を調べると，①（ロジスティック）シグモイド関数は，
$y = f(x) = \frac{1}{1+e^{-x}}, f(0) = \frac{1}{1+1} = \frac{1}{2}$　となり，Cが該当します。

各関数の特徴を以下にまとめます。

関数	特徴	$x = 0$の値	その他
双曲線正接関数（tanh関数）	入力値を－1.0～1.0の範囲に変換して出力	原点	ソフトサインよりも1や－1への漸近スピードが速い（強い刺激に対してより敏感）
ReLU（ランプ関数）	入力値が0以下の場合は常に0を，入力値が0より大きい場合は入力値と同じ値を出力	原点	ランプ（ramp）とは，高速道路に入るための上り坂（傾斜路）のこと
（ロジスティック）シグモイド関数	入力値を0.0～1.0の範囲に変換して出力	$y = \frac{1}{2}$	点(0，0.5)を基点（変曲点）として点対称のS（ς シグマ）字型曲線のグラフになる
ソフトサイン関数	入力値を－1.0～1.0の範囲に変換して出力	原点	過度な入力値に対しても一定の有限幅に出力値を収めるための関数の1つ
ソフトプラス関数	あらゆる入力値を0.0～∞という正の数値に変換して出力する関数	$y = \log_e 2$ $\fallingdotseq 0.693 > \frac{1}{2}$	ReLUにやや似ており，途中から右肩上がりになる。ただし，入力値0付近で，出力値0にはならない

問題
55

Excelのデータ分析ツールで重回帰分析の精度を確認するには？

Excelの「データ分析ツール」で，あるデータの重回帰分析を実施したところ，次のような結果が得られました。回帰分析においては，単純に回帰式の係数を見るだけでなく，その式の精度も確認する必要があります。図の結果から，変数A～変数Dによってどの程度説明できているか（精度）をパーセントで表現したとき，もっとも適切なものを選びなさい。

	A	B	C	D	E	F	G	H	I	J
1	概要									
2										
3	回帰統計									
4	重相関 R	0.87101								
5	重決定 R2	0.758658								
6	補正 R2	0.694301								
7	標準誤差	1.235998								
8	観測数	20								
9										
10	分散分析表									
11		自由度	変動	分散	された分散	有意 F				
12	回帰	4	72.03462	18.00866	11.78815	0.000157				
13	残差	15	22.91538	1.527692						
14	合計	19	94.95							
15										
16		係数	標準誤差	t	P-値	下限 95%	上限 95%	下限 95.0%	上限 95.0%	
17	切片	4.210218	1.985918	2.120036	0.05109	-0.02267	8.443103	-0.02267	8.443103	
18	変数A	0.578078	0.26566	2.176005	0.045949	0.011837	1.14432	0.011837	1.14432	
19	変数B	-0.24398	0.159361	-1.53101	0.146581	-0.58365	0.095686	-0.58365	0.095686	
20	変数C	-0.42229	0.181637	-2.32492	0.034519	-0.80944	-0.03514	-0.80944	-0.03514	
21	変数D	0.42302	0.228004	1.855316	0.08331	-0.06296	0.909	-0.06296	0.909	
22										

（1）20.0%　（2）69.4%　（3）75.8%　（4）87.1%　（5）95.0%

考え方 説明変数の数が多い重回帰分析の場合には，「自由度調整済み決定係数」を使いますが，Excelのデータ分析ツールではどの値が該当するでしょうか。

問題55の正解　（2）

解説

回帰分析においては，回帰式の係数だけでなく，その式の精度も重要な要素です。説明変数によって目的変数をどのくらい説明できるかを判断するには，決定係数の値を使いますが，Excelのデータ分析ツールでは決定係数として「重相関 R」「重決定 R2」「補正 R2」といった値が表示されます。説明変数の数が多い重回帰分析の場合には，「自由度調整済み決定係数」を使い，これは「補正 R2」という値で表示されています。

問題 56

書籍に対する2人の評価はどの程度類似しているか？

利用者X，Yは，ネットショッピングで購入したAIに関する5冊の書籍A，B，C，D，Eに対して，5点満点で以下のような評価を行いました。

	書籍A	書籍B	書籍C	書籍D	書籍E
利用者X	2	3	5	4	5
利用者Y	3	2	4	4	5

類似度を以下の方法で計算するとき，利用者XとYの評価値の類似度を（1）～（5）から選びなさい。

＜類似度の計算方法＞

利用者XとYの書籍AからEまでの評価値を並べたベクトル$(X_1, X_2, X_3, X_4, X_5)$と$(Y_1, Y_2, Y_3, Y_4, Y_5)$の相関係数，すなわち

$$\frac{\sum_{i=1}^{5}(X_i-\overline{X})(Y_i-\overline{Y})}{\sqrt{\sum_{i=1}^{5}(X_i-\overline{X})^2}\cdot\sqrt{\sum_{i=1}^{5}(Y_i-\overline{Y})^2}}$$

を類似度とします。

（1）0.774　（2）0.781　（3）0.806　（4）0.832　（5）0.873

考え方　利用者XとYの評価値を，類似度の計算方法に実際に当てはめて，求めてみましょう。

問題56の正解　（1）

解説

類似度の計算方法に従い，利用者Xと利用者Yの各成分（2，3，5，4，5），（3，2，4，4，5）の相関係数$=\frac{\sum_{i=1}^{5}(X_i-\overline{X})(Y_i-\overline{Y})}{\sqrt{\sum_{i=1}^{5}(X_i-\overline{X})^2}\cdot\sqrt{\sum_{i=1}^{5}(Y_i-\overline{Y})^2}}$を実際に計算すると，0.774が得られます。

問題 57

再帰型ニューラルネットワークに触れてみよう！

次の図のような再帰型ニューラルネットワーク（RNN）を考えます。

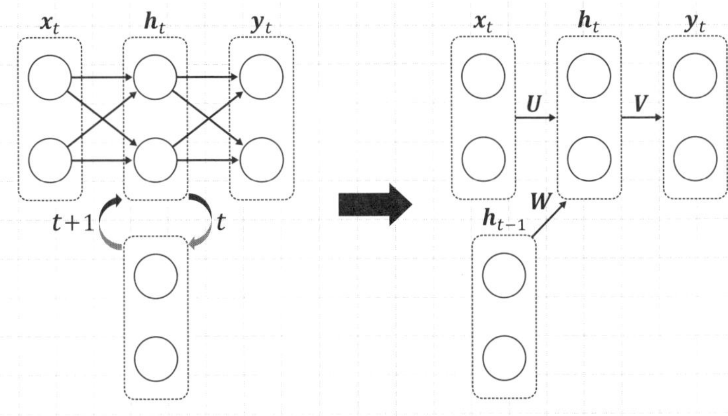

左の図のようなRNNにおいて（t は時刻を表す），直前の中間層 h_{t-1} などとの関係を，右の図のように行列 U, V, W を用いて表現すると，中間層 h_t の出力は次のように求められます。

$$h_t = Ux_t + Wh_{t-1}$$

同様に，出力層y_tの出力は次のように求められます。

$$y_t = Vh_t$$

ここで，$U = \begin{pmatrix} 1 & 0 \\ 0 & 1 \end{pmatrix}$，$V = \begin{pmatrix} -1 & 1 \\ 0 & 1 \end{pmatrix}$，$W = \begin{pmatrix} 0 & 1 \\ -1 & 0 \end{pmatrix}$とし，$x_1 = \begin{pmatrix} 2 \\ 3 \end{pmatrix}$，$x_2 = \begin{pmatrix} 1 \\ 0 \end{pmatrix}$，$x_3 = \begin{pmatrix} -1 \\ 1 \end{pmatrix}$，$h_0 = \begin{pmatrix} 0 \\ 0 \end{pmatrix}$が与えられるとき，$y_3$ の値として正しいものを選びなさい。なお，簡単のため，活性化関数やバイアスは考えないものとします。

(1) $\begin{pmatrix} 1 \\ 1 \end{pmatrix}$　(2) $\begin{pmatrix} 0 \\ 0 \end{pmatrix}$　(3) $\begin{pmatrix} -1 \\ 1 \end{pmatrix}$　(4) $\begin{pmatrix} -3 \\ -3 \end{pmatrix}$　(5) $\begin{pmatrix} 0 \\ -3 \end{pmatrix}$

考え方　問題文の式の時刻 t を 1 から増やしながら計算していきます。

問題57の正解 (5)

解説

時刻t を1 から増やしながら計算していきます。

$$\boldsymbol{h}_1 = \boldsymbol{U}\boldsymbol{x}_1 + \boldsymbol{W}\boldsymbol{h}_0 = \begin{pmatrix} 1 & 0 \\ 0 & 1 \end{pmatrix}\begin{pmatrix} 2 \\ 3 \end{pmatrix} = \begin{pmatrix} 2 \\ 3 \end{pmatrix}$$

$$\boldsymbol{h}_2 = \boldsymbol{U}\boldsymbol{x}_2 + \boldsymbol{W}\boldsymbol{h}_1 = \begin{pmatrix} 1 & 0 \\ 0 & 1 \end{pmatrix}\begin{pmatrix} 1 \\ 0 \end{pmatrix} + \begin{pmatrix} 0 & 1 \\ -1 & 0 \end{pmatrix}\begin{pmatrix} 2 \\ 3 \end{pmatrix} = \begin{pmatrix} 1 \\ 0 \end{pmatrix} + \begin{pmatrix} 3 \\ -2 \end{pmatrix} = \begin{pmatrix} 4 \\ -2 \end{pmatrix}$$

$$\boldsymbol{h}_3 = \boldsymbol{U}\boldsymbol{x}_3 + \boldsymbol{W}\boldsymbol{h}_2 = \begin{pmatrix} 1 & 0 \\ 0 & 1 \end{pmatrix}\begin{pmatrix} -1 \\ 1 \end{pmatrix} + \begin{pmatrix} 0 & 1 \\ -1 & 0 \end{pmatrix}\begin{pmatrix} 4 \\ -2 \end{pmatrix} = \begin{pmatrix} -1 \\ 1 \end{pmatrix} + \begin{pmatrix} -2 \\ -4 \end{pmatrix} = \begin{pmatrix} -3 \\ -3 \end{pmatrix}$$

$$\boldsymbol{y}_3 = \boldsymbol{V}\boldsymbol{h}_3 = \begin{pmatrix} -1 & 1 \\ 0 & 1 \end{pmatrix}\begin{pmatrix} -3 \\ -3 \end{pmatrix} = \begin{pmatrix} 0 \\ -3 \end{pmatrix}$$

上記より，$\boldsymbol{y}_3$ が求められます。

問題
58

過学習の状態に陥っているグラフを選べ！

あるデータに対して教師あり学習を行い，学習曲線を描きました。過学習の状況にあると思われる正解率の推移を表すグラフとして，選択肢の中でもっとも適切なものを選びなさい。ここで，学習データとは学習（訓練）するためのデータのことを，検証データとは学習時には未知のテストデータのことを指します。

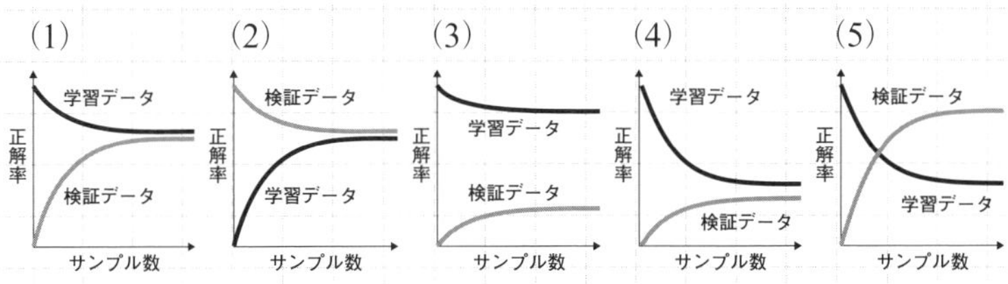

考え方 過学習とは，学習データに対して十分学習されているが，未知のデータに対して適合できていない状態を指します。また，選択肢には，基本的にありえない不適切なグラフが2 つ含まれています。

問題58の正解　(3)

解説

(1) サンプル数が増えると学習データでも検証データでもある一定の精度が得られており，問題なく学習が進んでいると考えられます。

(2) 学習データよりも検証データの方が明らかに高い正解率が得られる，ということは基本的にありえないので，不適切なグラフといえます。

(3) 学習データでは正解率が高いが，検証データでは低いため，過学習に陥っていると考えられます。

(4) サンプル数が増えても，学習データ・検証データともに正解率が上がっておらず，未学習の状況だと考えられます。

(5) (2) と同様に，学習データよりも検証データの方が明らかに高い正解率になることは基本的にありえないので，不適切なグラフといえます。

問題 59

機械学習の一つの目的である重みの更新，その更新式を考えてみよう！

機械学習の仕組みにおける一つの目的として，正しい出力値を求めるために学習を繰り返し，適切な重み（情報の重要度や関係性）に更新していくことが挙げられます。

本問では，図のような多層パーセプトロンにおいて，入力層からの重み v_{11} の更新を考えます。教師データを t とし，損失関数を $E=\frac{1}{2}(z-t)^2$ と設定します。学習率を η とし，更新式を $\Delta v_{11}=-\eta\frac{\partial E}{\partial v_{11}}$ で表すとき，この更新式を整理したものとして正しいものを選びなさい。なお，活性化関数やバイアスについては考えないものとします。

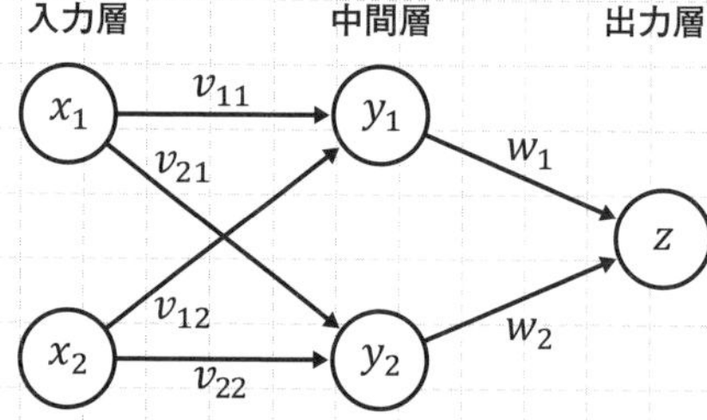

(1) $\Delta v_{11}=-\eta(z-t)w_1x_1$

(2) $\Delta v_{11}=-\eta(z-t)w_1y_1$

(3) $\Delta v_{11}=-\eta(z-t)x_1$

(4) $\Delta v_{11}=-\eta(z-t)y_1$

(5) $\Delta v_{11}=-\eta(z-t)w_1x_1y_1$

考え方 問題の図より，v_{11} は y_2 に関係しないことから，

$\Delta v_{11}=-\eta\frac{\partial E}{\partial v_{11}}=-\eta\frac{\partial E}{\partial z}\cdot\frac{\partial z}{\partial y_1}\cdot\frac{\partial y_1}{\partial v_{11}}$ の式を解いていくことになります。

このとき，z と y_1 は（図より）どのような式に置き換えることができますか？

問題59の正解　(1)

解説

v_{11} は y_2 に関係しないことから，微分の連鎖律を用いて，次のように展開できます。

$$\Delta v_{11} = -\eta \frac{\partial E}{\partial v_{11}} = -\eta \frac{\partial E}{\partial z} \cdot \frac{\partial z}{\partial y_1} \cdot \frac{\partial y_1}{\partial v_{11}} \cdots ①$$

損失関数は $E = \frac{1}{2}(z-t)^2$ より，$\frac{\partial E}{\partial z} = z - t$ と計算できます。

また，本問の図より，z，y_1の値は，

それぞれ $z = w_1 y_1 + w_2 y_2$，$y_1 = v_{11} x_1 + v_{12} x_2$ と置き換えることでき，

$\frac{\partial z}{\partial y_1} = w_1$，$\frac{\partial y_1}{\partial v_{11}} = x_1$ と計算できます。

それぞれの値を①に代入すると，$\Delta v_{11} = -\eta(z-t) w_1 x_1$ が求められます。

問題 60

一緒に購入されやすい商品を明らかにするマーケットバスケット分析

マーケットバスケット分析では，支持度，確信度，リフト値という3つの値が指標としてよく使われます。次の購入データが与えられたとき，サンドイッチを買った人がフライドポテトを買う場合のリフト値として正しいものはどれですか。

購入者	購入したもの
P_1	サンドイッチ，フライドポテト，飲み物
P_2	サンドイッチ，フライドポテト，飲み物
P_3	サンドイッチ，フライドポテト
P_4	サンドイッチ，飲み物
P_5	チキンナゲット，飲み物，フライドポテト
P_6	チキンナゲット，飲み物
P_7	アイスクリーム，飲み物
P_8	アイスクリーム，フライドポテト，飲み物

ここでリフト値とは，フライドポテトが単独よりサンドイッチと一緒に買われやすいかの度合いを指しますが，以下の計算で求められます。

商品A：サンドイッチ，商品B：フライドポテトとすると，

確信度とは，商品A購入者のうち商品Bも同時に購入する顧客の割合であり，

$$\text{確信度} = \frac{\text{同時購入者数}}{\text{商品A購入者数}}$$

と計算でき，さらにリフト値とは，商品Bを購入する割合に対する確信度の割合であり，

$$\text{リフト値} = \frac{\text{確信度}}{\text{(顧客全員のうち) 商品Bを購入する割合}}$$

と計算できます。

(1) 0.6　(2) 0.8　(3) 1.0　(4) 1.2　(5) 1.4

考え方 本問の計算式に従いリフト値を求めることで，フライドポテトは単独で購入されるより，サンドイッチと一緒に購入されるほうが，○倍多い（少ない）と判断できます。
本問で使われる確信度は，信頼度ともいいます。

問題60の正解	(4)

解説

マーケットバスケット分析とは，購買データの分析により一緒に購入されやすい商品を明らかにするデータマイニング（データの中から有益な情報を得る）の代表的な手法です。

本問で使われる数値，計算式は以下の通りです。

項目	人数
顧客数	8人
商品A：サンドイッチ購入者数	4人
商品B：フライドポテト購入者数	5人
商品A，B：同時購入者数	3人
確信度（＝同時購入者数÷商品A購入者数）	$\frac{3}{4}$
顧客全員のうち，商品Bを購入する割合	$\frac{5}{8}$
リフト値（＝確信度÷商品Bを購入する割合）	$\frac{3}{4} \div \frac{5}{8} = \frac{6}{5}$

本問では，フライドポテトは単独で購入されるより，サンドイッチと一緒に購入されるほうが，1.2倍多いと判断できます。

また支持度とは，顧客全員のうち商品Aと商品Bを同時に購入する顧客の割合のことで，同時購入者数÷購入者全体数で求められます。

ワンポイント　機械学習とデータマイニングについて

機械学習とデータマイニングは，膨大なデータを処理する点で似ています。機械学習は，物事の分類や予測を行う規則を自動的に構築する技術であり，人間が行うことを機械・AIに代行させるイメージです。データマイニングは，データの中から有益な情報を得る手法であり，人間の意思決定をサポートするものといえます。当然のことながら，データマイニングの手段として，機械学習を取り入れるケースもあります。

COLUMN 3

人工知能と確率・統計の関係とは？

現在の人工知能は決して万能ではありませんが，特定の領域では人間を超える成果を残しています。すでに画像認識や音声認識などの分野では，身近なところで当たり前のように使われています。

では，そうした人工知能はどのような技術から成り立っているのでしょうか。人工知能に関わる技術を分類すると図1のようになります。中核にあるのは「機械学習」で，実はこの技術，確率・統計と深い関係にあります。

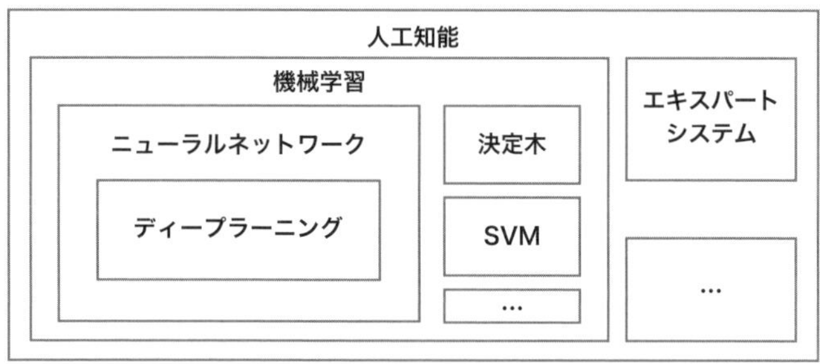

図 1 人工知能に関わる技術

機械学習の基本的な考え方は，とにかく大量のデータを用意し，それらをコンピューターに自動的に学習させようというものです。学習には「教師あり学習」「教師なし学習」「強化学習」という3つの方法があります。

教師あり学習とは，正解となるデータが与えられており，そのデータに近い結果が得られるように学習する方法で，予測や分類などに使われます。教師あり学習の代表的な手法として，「回帰分析」や「決定木」などがあります。これらは確率・統計です。

教師なし学習では正解が与えられず，与えられたデータの特徴を捉えてグループに分けます。ただし，グループ分けしたものが何なのかを示す名前はありません。教師なし学習の代表的な例として，「k-平均法」などによるクラスタリングやアソシエーション分析などがあります。これも確率・統計です。

強化学習は行動に対して報酬を与え，その報酬が最大となるような行動を試行錯誤しながら身につけるという方法です。囲碁や将棋のように，指した手が良いかどうかは分からないけれど，結果として勝ったのであれば良い手だと判断するのです。

機械学習で常に起こる問題は，学習対象のデータに誤りやノイズ，欠損値などが存在することです。つまり，入力データにはゴミが入るので，正しくない結果が得られることをある程度許容し，欲しい結果が高い確率で得られるモデルを考える必要があるのです。

ここに統計学の考え方が登場します。統計学には，推測統計や記述統計，ベイズ統計があります。例えば推測統計とは，全体を表す母集団から，その一部である標本を取り出し，その標本のデータから母集団の情報を推測することです。このとき，標本は母集団のほんの一部なので，取り出した情報だけでは母集団全体の情報は分かりません。しかし，ある程度の精度で推定することはでき，母集団の分布を仮定し，「95%信頼区間」のように母集団の平均などを推定することはできます。

こうして，機械学習では与えられたデータからできるだけ高い精度で予測したり分類したりできるのです。このため，現代の機械学習は「統計的機械学習」と呼ばれることもあります。少しだけ説明すると，機械学習に使うデータは訓練データとテストデータに分けられます。実際には，与えられたデータを訓練データとテストデータに分けて，図2 のように入れ替えながら精度を評価します。この方法は「交差検証」と呼ばれ，標本から母集団を推定することに似ています。

データをいくつかに分ける（今回は４個）

１回目	訓練データ	訓練データ	訓練データ	テストデータ	➡ 評価
２回目	訓練データ	訓練データ	テストデータ	訓練データ	➡ 評価
３回目	訓練データ	テストデータ	訓練データ	訓練データ	➡ 評価
４回目	テストデータ	訓練データ	訓練データ	訓練データ	➡ 評価

図2　交差検証

COLUMN 4

機械学習と一般的なプログラムとの違いは？

統計を使った分析や機械学習での予測と，一般的なソフトウエア開発を比較してみましょう。

一般的なソフトウエアとして業務システムを想定した場合，システムは仕様として定められた通りにソースコードを記述しています。誰が操作しても，ソースコードに書かれている通りに動作し，同じ操作をすれば同じ結果が得られます。一方で，統計を使って分析や機械学習で予測する場合，与えられたデータの内容や順番，パラメーターなどによって結果は変わりますし，乱数を使うことで全く異なる結果になることもあります（図参照）。

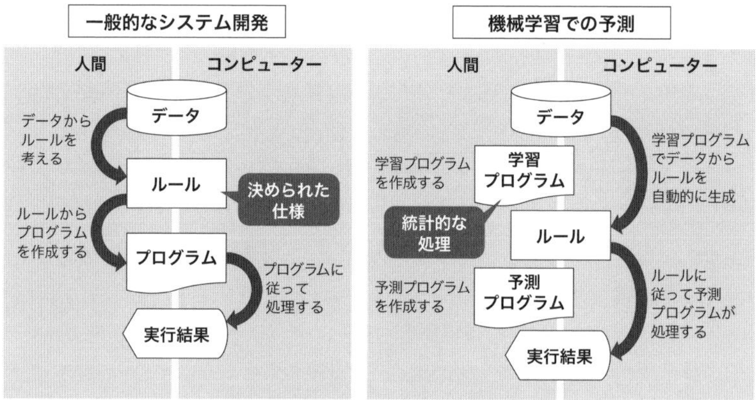

一般的なソフトウエアでは，処理が正常に行われれば結果は正しいものだと判断できますが，統計や機械学習の場合には，処理が正常に行われても，その結果が正しいとは限らないのです。誤ったデータが大量に与えられれば誤った結果が得られますし，それが誤っていると判断するのも難しいのです。内容が正しく，あらゆるパターンがバランスよくそろったデータで学習すれば，機械学習の精度は高くなりますが，現実的にはそんなデータはほとんどありません。

研究段階ではきれいなデータで良い結果が出ることを確認することは必要ですが，実務の現場においては，理想とはほど遠いデータが当たり前です。ノイズも多く，データのバランスが悪い中で，それなりの精度が得られるような工夫が求められるのです。

つまり，理論上は問題なくても実際には使えない，という状況が発生します。こう考えると理想的な環境での理論を学ぶことは効果的でないように思えるかもしれませんが，ここで重要なのは1つの理論ではうまくいかなくても，他と組み合わせるとうまくいく場合がある，ということです。

ある技術を使って良い結果が得られなくても，他の技術を適用することで，良い結果につながるかもしれません。そして，これを実現するためには，ある程度幅広い視点で，様々な技術を体系立てて学んでおく必要があるのです。

ここで大事なのは，結果を見たときに「おかしい」と気づくことです。一般的なソフトウエア開発であれば，エラーが出れば入力したデータがおかしいと判断できますが，統計や機械学習では明確にエラーだと判断できない場合があります。エラーが出なくても，データを眺めているときに，不具合がある，どこかがおかしいと気づけるかどうかが求められます。

COLUMN 5

理論を知る理由

機械学習を学ぶ場合，現在は便利なツールがたくさん登場しています。プログラミング言語のライブラリが充実しているだけでなく，オンラインで利用できる実行環境がセットになっていて，Webブラウザーさえあれば，ソースコードを書かなくても簡単に試せることも少なくありません。

しかし，これらのライブラリやツールを使っていると，得られた結果の精度が低かったり，処理に膨大な時間がかかったりする場合でも，それがデータによる問題なのか，アルゴリズムの問題なのか，結果の読み取り方に問題があるのかが分かりません。

さらに，機械学習などの分野は活発に研究が進められていますので，次々に新しい論文が発表されています。こうした論文を読むには数学の知識が必要です。機械学習の論文の場合は，パラメーターなども公開されていることが多く，その内容の通りに実装すれば手元のコンピューターで試せることも少なくありません。

この場合も，便利なライブラリを使っているだけでは最新の内容を反映できず，自分でソースコードを書くことが求められるのです。

つまり，最新を含めた機械学習について実際に試しフィードバックを得て，その理論を理解するためには，数学や統計学，プログラミング言語などについての知識が求められるのです。

第3章

ジャンル③
アルゴリズム・プログラミングに必要な数学リテラシー

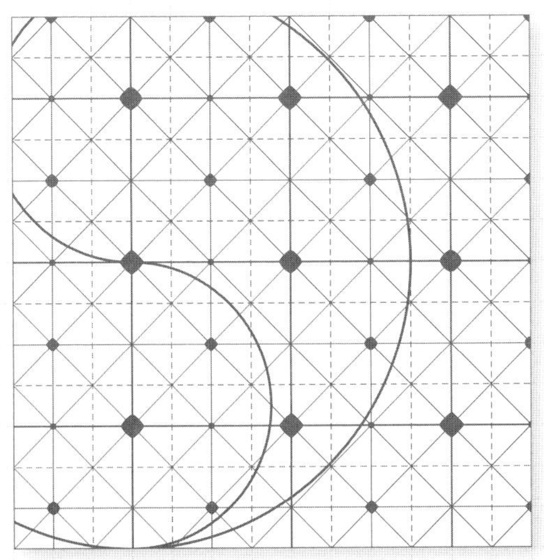

INTRODUCTION イントロダクション

アルゴリズム・プログラミングに必要な数学リテラシー（ジャンル③）はなぜ必要か？

データを活用し，AIと一緒に仕事をするには，ジャンル②（機械学習・深層学習分野）に加えて，基本的なアルゴリズム，プログラミング・ITに関わるリテラシーなども知っておく必要があります。

本ジャンルでは，アルゴリズム知識，特定のプログラミング言語に依存しないプログラミング的（手続き型）思考，情報理論，さらに広く数学的課題解決についても取り扱います。

アルゴリズム分野では，データを昇順（降順）に一定の規則に従って整列させるソートアルゴリズム，複数のデータの中から条件に一致した値を見つけ出す探索アルゴリズム，暗号化のためのアルゴリズム，またその計算にどの程度かかるかの計算量理論を取り扱います。

プログラミング的思考では，特定のプログラミング言語に依存しない手続き型思考に加えて，昨今のIT・AI技術につながる情報理論についても取り扱います。

数学的課題解決では，論理的思考と数学的発想を用いて，与えられた課題から一定のパターン等の規則性や，裏付けされた法則性を発見しながら，一貫性を持って解決に導く問題を多数取り扱います。

※上記は，あくまで中・上級資格全般を示しており，本書の問題は，その一部を取り上げています。

中級　出題範囲

以下の学習分野かつ中学校数学＋数学Ⅰ・A範囲での数学リテラシー

- アルゴリズム…………デ一タサイエンス戦略・施策に必要なアルゴリズムの基礎
ソートアルゴリズム，探索アルゴリズム，暗号アルゴリズム，計算量理論など
- プログラミング的思考…特定のプログラミング言語に依存しない手続き型思考
フローチャート，情報理論，情報量（ビット）の扱い，データ誤りの訂正，圧縮効率，逆ポーランド記法など
- 数学的課題解決………論理的思考と数学的発想を用いて数学的課題を解決に導く
課題を読み取り，規則性・法則性を発見しながら解答まで一貫性を持って導く，ナップザック問題など

上級　出題範囲

<中級 出題範囲>の学習分野に加え，数学Ⅱ・B以上の数学も用いた数学リテラシー
<中級 出題範囲>記載のアルゴリズム，プログラミング的思考，数学的課題解決の範囲での，より実践的または複雑な理論

問題 61

電源容量が最大になるモバイルバッテリの組み合わせは？

Aさんは7製品のモバイルバッテリを1つずつ持っています。各製品の重量と電源容量を下の表に示します。重量の合計が1kg以下で，電源容量が最大になる組み合わせを考えたとき，電源容量の合計は何mAhになりますか。

製品	A	B	C	D	E	F	G
重量（g）	150	170	180	200	200	240	250
電源容量（mAh）	3000	4000	5000	7000	8000	8000	9000

（1）27000mAh　（2）29000mAh　（3）31000mAh
（4）32000mAh　（5）33000mAh

考え方　重量に対する容量の比を求め，その値が大きい（効率のよい）製品を選んでいきます。

問題61の正解　（5）

解説

重量に対する容量の比は次のようになります。

製品	A	B	C	D	E	F	G
電源容量÷重量	20	23.5	27.7	35	40	33.3	36

上記表をベースに考えたとき，重量の合計が1kg以下で，電源容量が最大となる製品の組み合わせは，B，C，D，E，G（重量合計：1kg，容量：33000mAh）となります。

問題
62

言葉で書いたプログラムを読み取れ！

図の枠内は，あるプログラムを言葉で表現したものであり，①から⑥へ向かって順番に処理を進めるものとします。N＝5を入力したとき，出力されるAの値を次から選びなさい。

①正の整数Nを入力する。
②Aの値を1とする。
③Mの値を1とする。
④もし，Mの値とNの値が等しいならば，Aの値を出力して，処理を終了する。Mの値とNの値が異なるならば，⑤へ。
⑤Aの値に3をかけた後に4増やし，その値を新しいAの値とする。
⑥Mの値を1増やし，その値を新しいMの値として，④へ。

(1) 25
(2) 57
(3) 79
(4) 241
(5) 727

考え方　①～⑥の処理手順に従い，A，Mの値を更新していきます。

問題62の正解　(4)

解説

実際の処理内容は，以下のようになります。

処理番号	具体的な処理内容
①	N=5
②，③	A=1，M=1
④	M≠N（1≠5）なので⑤へ
⑤	A←A×3+4＝1×3＋4＝7，つまりA＝7
⑥	M=1＋1＝2
④	M≠N（2≠5）なので⑤へ
⑤	A←A×3+4＝7×3＋4＝25，つまりA＝25
⑥	M=2＋1＝3
④	M≠N（3≠5）なので⑤へ
⑤	A←A×3+4＝25×3＋4＝79，つまりA＝79
⑥	M=3＋1＝4
④	M≠N（4≠5）なので⑤へ
⑤	A←A×3+4＝79×3＋4＝241，つまりA＝241
⑥	M=4＋1＝5
④	M＝N（5＝5）なので，A＝241を出力して処理を終了する！

問題 63

マークシートのマーク数を最小にするのは何進数か？

アンケートで生年月日を記入する場合など，数字で記入するだけでなくマークシートで読み取れるように図のような用紙を塗りつぶすことがあります。年：0～2099，月：1～12，日：1～31が考えられますが，10進数（基数=10）の場合，図のように59個のマークを用意する必要があります。

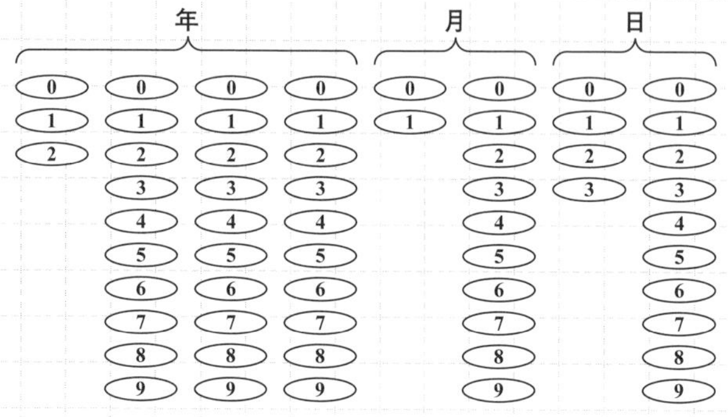

また，5進数（基数=5）で表現すると，$2099_{(10)}=31344_{(5)}$**，**$12_{(10)}=22_{(5)}$**，**$31_{(10)}=111_{(5)}$**となり，図のように44個のマークを用意する必要があります。**

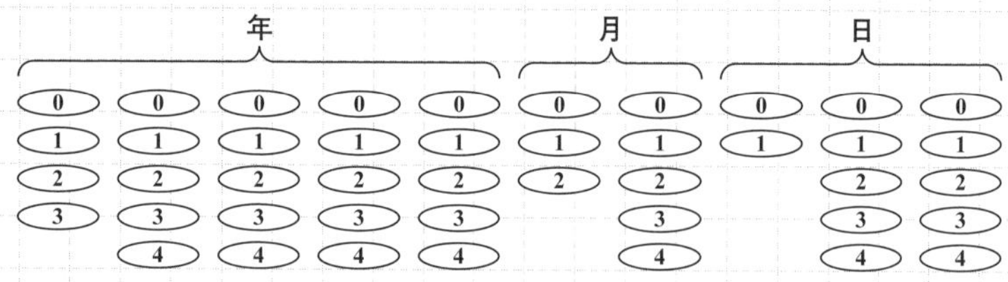

用意するマークの数を最小にする基数（n 進数の n）は，次のうちどれですか。

(1) 2　(2) 3　(3) 4　(4) 8　(5) 16

考え方 基数が1のときは，年：2100個，月：12個，日：31個を用意する必要があり，合計で2143個となります。基数が2のときは，年：12×2個，月：4×2個，日：5×2個用意する必要があります。

問題63の正解　(2)

解説

基数が2のとき，年：12×2個，月：4×2個，日：5×2個用意する必要があり，合計で42個となります。

基数が3のとき，年：7×3個，月：2+2×3個，日：2+3×3個用意する必要があり，合計で40個となります。

基数が4のとき，年：3+5×4個，月：2×4個，日：2+2×4個用意する必要があり，合計で41個となります。

基数が8のとき，年：5+3×8個，月：2+8個，日：4+8個用意する必要があり，合計で51個となります。

基数が16のとき，年：9+2×16個，月：12個，日：2+16個用意する必要があり，合計で71個となります。

つまり，基数が3のときマークの数が最小となります。

問題
64

処理時間が短くなるアルゴリズムの計算量はどれか？

あるデータを探索するプログラムを作っています。毎月のデータ量が2倍に増えることが見込まれるため，データ量が増えても高速に処理できるようなアルゴリズムを考えます。現在のプログラムの計算量が$O(n^2)$のとき，現在よりも処理時間が短くなると思われるアルゴリズムの計算量はどれですか。ここで計算量Oとは，オーダー記法と呼ばれ，入力するデータ量nに対し，無限大など極限に飛ばした際，処理時間がおおよそどの程度のスピードで増加するかを表す指標です。

(1) $O(n^3)$　(2) $O(n \log n)$　(3) $O(n!)$　(4) $O(2^n)$　(5) $O(n^n)$

考え方 データ量nの増加に対し，各計算量のグラフがどのように増えていくのかをイメージしてみましょう。

問題64の正解　(2)

解説

選択肢のそれぞれのグラフがどのように増えていくのか調べると，問題文の $O(n^2)$ は図の①のグラフになります。選択肢の $O(n^3)$ は②，$O(n\ \log n)$ は③，$O(n!)$ は④，$O(n^n)$ は⑤のグラフになり，n が大きくなると，問題文の $O(n^2)$ より処理時間が短くなるのは $O(n\ \log n)$ といえます。

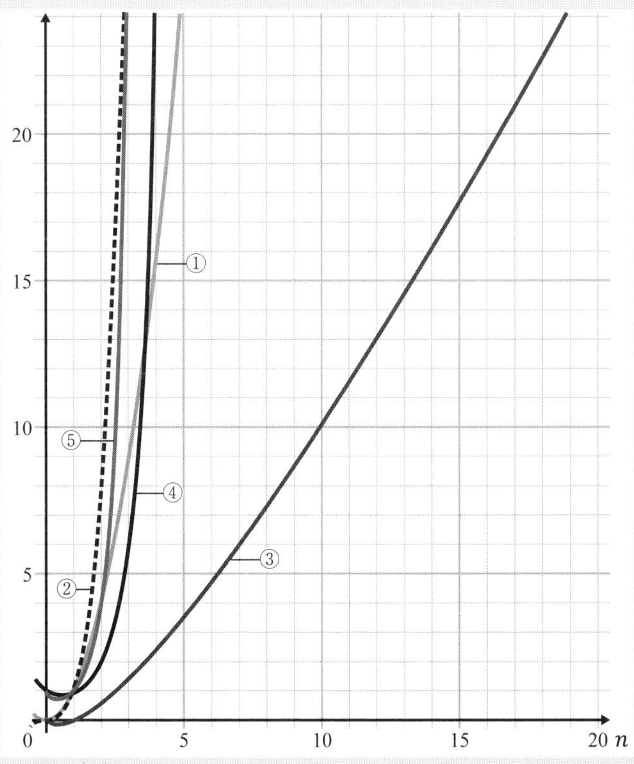

問題 65

パリティチェックで通信データの誤りを検出！

通信中にデータの誤りが発生していないかチェックする方法として，「偶数パリティ」があります。偶数パリティとは，データを2進数で表現したときに，データ全体で常に1の数が偶数になるようにパリティビットを付加する方式です。1の数が奇数ならパリティビット「1」を付加し，偶数ならパリティビット「0」を付加することで，1箇所だけデータが変わってしまった場合に誤りを検出できます。

例えば，送信データが「0011001」という7ビットデータの場合，1が3つ（奇数）であるため，これに「1」を付加して「00110011」として送信します。受信側が「10110011」といったデータを受信すると，1の数が奇数のため，どこかに誤りがあることがわかります。

下のように縦横にデータを並べて，すべての行と列について偶数パリティを用意したとき，誤りの位置として正しいものはどれですか。行は上から下，列は左から右に数えるものとします。

10011100

01001011

11001001

10011011

11001010

00100010

01011001

00111100

(1) 2行目の3列目　(2) 3行目の4列目　(3) 4行目の5列目

(4) 5行目の6列目　(5) 6行目の7列目

考え方　与えられたデータの横方向と縦方向について，1の数が偶数になっているかを確認していきます。

問題65の正解　(3)

解説

横方向と縦方向について，すべての1の数が偶数になっているかを確認していくと，4行目と5列目が奇数になっていることがわかります。

問題
66

最後に残るカードは？

nを正の整数とし，[1]，[2]，…　，[n]のn枚のカードを，図のように時計回りに円形に並べました。次に1から時計回りに1枚おきに取り除いていき，最後に残った1枚を取り除きます。

例えば，$n = 10$のとき，取り除かれるカードの順は

1，3，5，7，9，2，6，10，8，4

となり，最後に取り除かれるカードは4です。

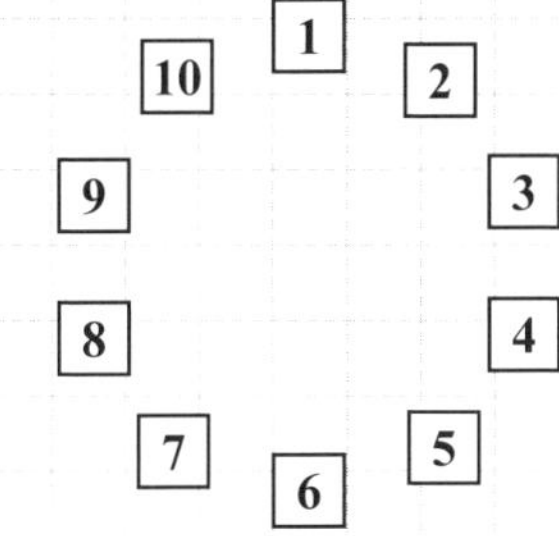

さて，$n = 16$と$n = 30$の場合，最後に取り除かれるカードの数の組み合わせを次から選びなさい。

	$n = 16$の場合	$n = 30$の場合
(1)	8	12
(2)	12	16
(3)	12	24
(4)	16	28
(5)	16	30

考え方　1周めは簡単ですが，2周め以降は既に取り除いたカードを忘れずに考慮し，地道にカードを取り除いていきます。

問題66の正解　(4)

解説

$n=16$ の場合は，1，3，5，7，9，11，13，15，2，6，10，14，4，12，8，16
$n=30$ の場合は，1，3，5，7，9，11，13，15，17，19，21，23，25，27，29，2，6，10，14，18，22，26，30，8，16，24，4，20，12，28
となって，(4) の組み合わせが正解といえます。
本問のルールの場合，$n=32$ のように2の累乗であれば，最後の数字（= 32) が残ります。

問題
67

プログラムと相性がよい逆ポーランド記法

逆ポーランド記法を使って簡易電卓を作ります。次の式を逆ポーランド記法で表現したとき，適切なものはどれですか。

$$(1+4)\times(6-3)\div 5$$

(1) $5\div(3-6)\times(4+1)$

(2) $(1-4)\div(6+3)\times 5$

(3) $1\ 4+6\ 3-\times 5\div$

(4) $1\ 4+6\ 3-5\times\div$

(5) $1\ 4\ 6\ 3\ 5\div-\times+$

逆ポーランド記法は，演算子（＋×等）を被演算子の後ろに書いていく記法です。

問題67の正解　(3)

解説

逆ポーランド記法は，演算子を被演算子の後ろに置く後置記法であり，問題文にある式の演算子を被演算子の後ろに書いていくと，(3) が正解といえます。

ワンポイント

逆ポーランド記法は，コンピューターに計算を指示する場合に都合が良い記法です。具体的には，以下の手順を踏みます。

1. 式を前から順番に読み，スタック（入口と出口が同じ，後入れ先出しのデータ構造）に積んでいく。
2. 演算子を読んだ場合は，演算に必要な被演算子をスタックから取りだし，演算を行う。
3. 演算結果をスタックに戻す。

という単純な処理で意図した計算を進めることができます。

余談ですが，ポーランド記法という記法もあり，これは，演算子を被演算子の前に置く前置記法になります。

問題 68

桁落ちが発生するデータはどれか？

2次方程式 $x^2 + ax + b = 0$ を解くプログラムを作成するとき，解の公式を使って

$$x = \frac{-a + \sqrt{a^2 - 4b}}{2},\quad \frac{-a - \sqrt{a^2 - 4b}}{2}$$

を計算することにしました。いくつかのデータで試していると，少し誤差のある答えが得られる場合が見つかりました。調べたところ桁落ちが発生していたため（今回の場合は，$-a + \sqrt{a^2 - 4b}$ において，a と $\sqrt{a^2 - 4b}$ の値が近い場合に桁落ちが発生），解を次の式で求めることにしたところ，誤差が解消しました。

$$x = -\frac{2b}{a + \sqrt{a^2 - 4b}},\quad \frac{-a - \sqrt{a^2 - 4b}}{2}$$

このような誤差が発生するデータの例はどれですか。

(1) $a = 2$，$b = 1$

(2) $a = 1.00001$，$b = 0.00001$

(3) $a = 1.1$，$b = -1.1$

(4) $a = -1$，$b = -2$

(5) $a = -1.00001$，$b = -1.00001$

考え方　本問では，a と $\sqrt{a^2 - 4b}$ の値が近い場合に桁落ちが発生するため，aと$\sqrt{a^2 - 4b}$ の値をそれぞれ計算してみます。

問題68の正解　(2)

似たような値の引き算をすると，桁落ちが発生する可能性があります。今回の場合は，$-a+\sqrt{a^2-4b}$ において，a と $\sqrt{a^2-4b}$ の値が近い場合に桁落ちが発生するため，a と $\sqrt{a^2-4b}$ の値をそれぞれ計算してみます。

(1) $a=2, \sqrt{a^2-4b}=0.0$ なので，その差は 2.0

(2) $a=1.00001, \sqrt{a^2-4b}=0.99999$ なので，その差は 0.00002

(3) $a=1.1, \sqrt{a^2-4b} \fallingdotseq 2.368$ なので，その差は -1.268

(4) $a=-1, \sqrt{a^2-4b}=3.0$ なので，その差は -4

(5) $a=-1.00001, \sqrt{a^2-4b} \fallingdotseq 2.236$ なので，その差は-3.236

実際に (2) でプログラムを作成すると，誤差が発生することがわかります。

問題 69

議員の議席数を決めるアダムズ方式を使って学校の代表者を選出しよう！

衆議院などで議席数を決めるときなどに使われる計算方式に「アダムズ方式」があります。これは，各都道府県の人口を「ある同じ整数」で割ったときに，その答えの合計が全国の議席数と同一になるように，割る値を調整する計算方式です（答えが小数になる場合は切り上げ）。

ここでは，次の表にある4つの学校から合計8人の代表者をアダムズ方式で選ぶことを考えます。それぞれの代表者数の割り当てとして適切なものはどれですか。

学校	A	B	C	D
学生数	500	300	200	100

(1)

学校	A	B	C	D
代表者数	5	3	0	0

(2)

学校	A	B	C	D
代表者数	4	3	1	0

(3)

学校	A	B	C	D
代表者数	4	2	1	1

(4)

学校	A	B	C	D
代表者数	3	2	2	1

(5)

学校	A	B	C	D
代表者数	2	2	2	2

考え方 今回の学生数 500，300，200，100 を適当な数で割ってみて，代表者数の合計 8 に近づくように調整していきます。

問題69の正解　(4)

解説

今回の学生数500，300，200，100を適当な数で割ることを考えます。例えば，100で割ると，5，3，2，1となり，合計が8を超えます。そこで，もう少し大きな数で割ることにします。例えば，200で割ると，3，2，1，1となり，合計が8より小さくなります。そこで，中間の数である150で割ってみると，4，2，2，1となり，合計が8を超えます。150と200の中間の175で割ってみると，3，2，2，1となり，合計が8となります（実際には，167以上200未満の数で割ると，同様の値が得られます）。

問題
70

ハミング符号で通信データの誤りを訂正！

通信中に発生したデータの誤りを訂正できる方法として，「ハミング符号」があります。ここでは，4ビットのデータを送信するときに，3ビットの符号を付加する場合を考えます。x_1 x_2 x_3 x_4 という4ビットのデータに，次の式を満たすような符号 c_1，c_2，c_3 を付加します。

$$c_1 = x_1 + x_2 + x_3 \pmod 2$$
$$c_2 = x_1 + x_2 + x_4 \pmod 2$$
$$c_3 = x_1 + x_3 + x_4 \pmod 2$$

ここで，mod 2は2で割ったあまりのことで，3つ足した数が奇数の場合は1に，偶数の場合は0になります。これにより，1箇所で誤りが発生した場合，誤りがあることだけでなく，誤りが発生した位置がわかり，訂正できることが知られています。

受信したデータが「1101100」の場合，送信されたデータとして正しいものはどれですか。

（1）0101100　（2）1001100　（3）1100100　（4）1101110　（5）1101101

考え方 受信したデータ「1101100」を「x_1 x_2 x_3 $x_4 c_1$ c_2 c_3」に当てはめて，問題文の計算を行い，今回不一致となるビットを探します。

問題70の正解　（2）

解説

受信したデータから符号を計算すると，「1101010」となります。つまり，c_1，c_2が一致しないことがわかります。符号の計算式より，x_1で誤りが発生していれば，c_1，c_2，c_3が一致しないはずです。同様に，x_2で誤りが発生していれば，c_1，c_2が一致しません。今回はこれに該当します。その他も同様に調べると，c_1，c_2が一致しないのはx_2で誤りが発生している場合だけです。このため，先頭から2ビット目を反転した「1001100」が正しいといえます。

COLUMN 6

ニューラルネットワークを学ぶ理由

「ニューラルネットワーク」は1960年頃から研究されている歴史のある手法です。脳の神経細胞を模した考え方で，図1 で示すように「○」がつながったネットワーク構造で，「○」がニューロンを示しています。それぞれのニューロンは与えられた入力に対し，決められた計算を行った結果を出力します。

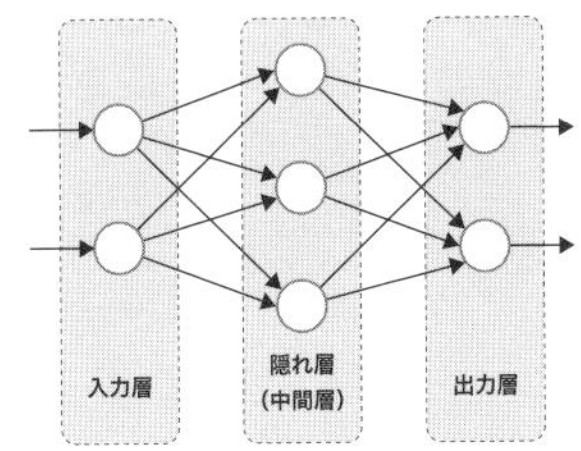

図 1　ニューラルネットワーク

ニューロンへの入力を「信号」といい，その信号に対して入力の重要度を意味する重みを設定します。そして，入力と重みから計算された値がある限界値を超えた場合に「1」を，超えなかった場合に「0」を出力することを考えます。この限界値をしきい値といい，「θ」という記号をよく使います。例えば，図2 のような2 つの入力 x_1，x_2 に対して1 つの出力 y を計算することを考えます。それぞれの入力に対する重みが w_1，w_2 で与えられるとき，出力される値を次のように計算できます。

$$y = \begin{cases} 0, & w_1x_1 + w_2x_2 \leqq \theta \\ 1, & w_1x_1 + w_2x_2 > \theta \end{cases}$$

図2　パーセプトロン

このように複数の入力を受け取って1 つの出力を計算するだけの単純なものをパーセプトロンといいます。最初は重みをランダムに設定し，設定した重みに対して訓練データでどのような値が出力されるのかを確認します。そして，出力された値と教師データを見比べて，教師データに近づくように重みを調整するのです。これを様々な訓練データに対して計算することが機械学習での「学習」に該当します（図3）。

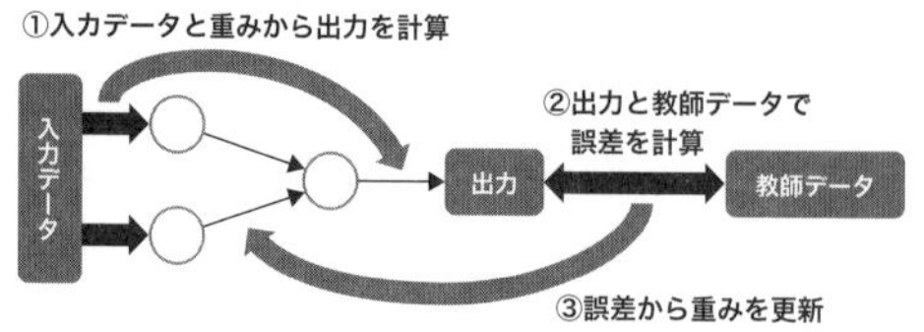

図3 学習の流れ

この学習のあとで，実際のテストデータに対して予測を行い，その正解率などを評価します。このような単純なパーセプトロンだけでなく，図1のような隠れ層のあるニューラルネットワークを考えた場合も，誤差逆伝播法（バックプロパゲーション）と呼ばれるアルゴリズムを使って，教師データとの誤差を使って重みを自動的に更新できるのです。ここで，入力と重みから出力を計算するとき，ニューロンの数が増えると膨大な計算が必要になります。ここで，ベクトルや行列が使われます。例えば，図4のようなニューラルネットワークの計算は，次のようなベクトルと行列の掛け算によって計算できるのです。

$$x=\begin{pmatrix}x_1\\x_2\\x_3\end{pmatrix},\ W=\begin{pmatrix}w_{11} & w_{12} & w_{13}\\w_{21} & w_{22} & w_{23}\end{pmatrix},\ y=\begin{pmatrix}y_1\\y_2\end{pmatrix}\text{のとき } y=Wx$$

このように，ベクトルや行列を使うことでシンプルな式で表現できます。

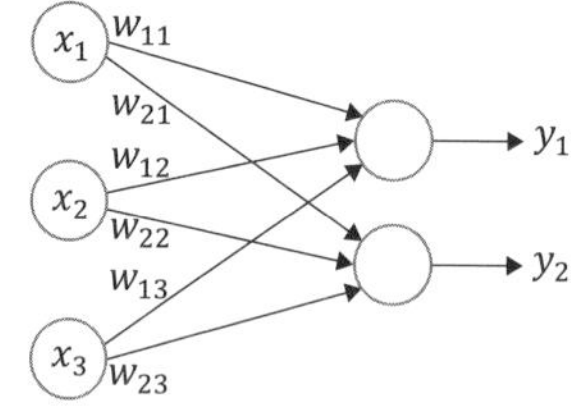

図4 ベクトルと行列による計算

また，誤差逆伝播法にて重みを更新する式を考えると，偏微分についての知識が必須です。正解率などを考えるときには，統計学についての考え方も必要になります。

ニューラルネットワークがどのように学習しているのか，その仕組みを理解するには，確率統計や線形代数，微分積分など数学の幅広い知識が必要になるのです。

COLUMN 7

深層学習（ディープラーニング）を学ぶ理由

最近は囲碁や将棋などでコンピューターが人間に勝つのが当たり前のように言われていますが，2010年以前の段階では，それが実現するのはまだまだ先のことだと考えられていました。この10年ほどの間に人工知能の研究が大きく進んだのです。現在は第3次人工知能ブームと呼ばれていますが，その中心にあるのが「深層学習（ディープラーニング）」です。

深層学習の基本的な考え方は，ニューラルネットワークと同じです。ただし，「ディープ」という名前の通り，ニューラルネットワークの階層を深くしたことが特徴です（図1）。

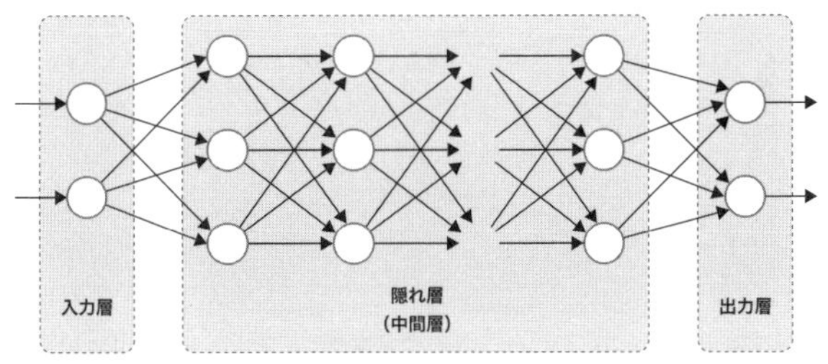

図1　ディープラーニング

階層を深くするとそれだけ計算する量が増加します。当然，学習に必要なデータの量も必要になります。深層学習の背景にあるのは，コンピューターの進化によって膨大な計算が可能になったことと，クラウドの登場などで安価にコンピューティングリソースを調達できるようになったことです。データの量の面でも，IoTなどのセンサーの登場や，SNSやブログなどの普及によって，分析に使えるデータが増えたことも研究が進んだ理由として挙げられます。

さらに，活性化関数の工夫も挙げられます。活性化関数は，ニューラルネットワークで計算される出力に対して適用される関数のことです（図2）。入力と重みとの掛け算と合計を求めるだけでは単純な計算しかできませんが，活性化関数を使うことで，複雑な計算が可能になるのです。

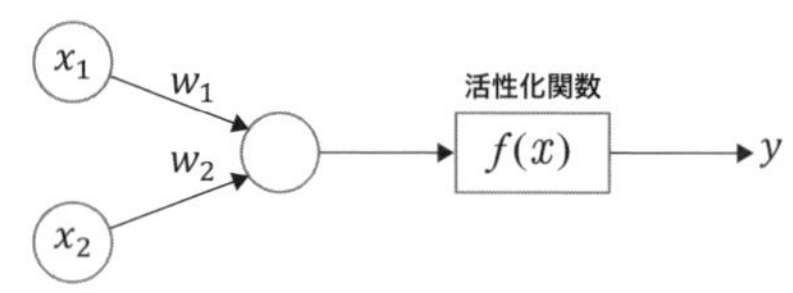

図２　活性化関数

これまでは図3の左にあるようなステップ関数やシグモイド関数が多く使われていました。しかし，ディープラーニングでは，図3の右にあるようなReLU関数（ランプ関数）や，それを改良した関数が使われることが増えています。ReLU関数では傾きが1となる関数を使うことで，誤差逆伝播法において誤差が伝播しにくい勾配消失問題などの問題を改善できるのです。

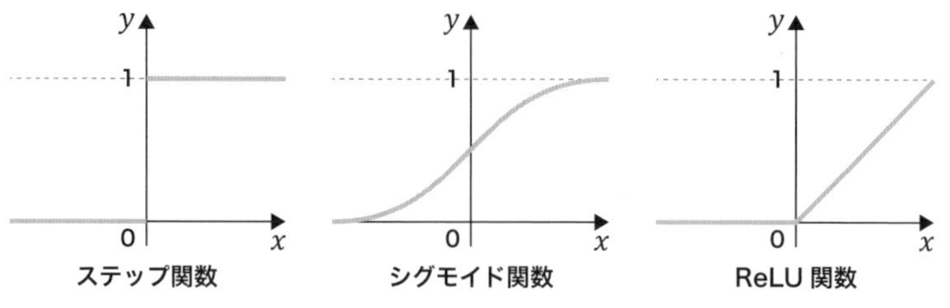

図３　活性化関数の例

これまでも画像処理などに使われる畳み込みの考え方を使ったCNN（畳み込みニューラルネットワーク），時系列データを扱うRNN（再帰型ニューラルネットワーク）などがありましたが，これらも階層を深くし，活性化関数の工夫などにより高い精度が得られることがわかってきたのです。

現在も，新しい手法が次々と開発されていますが，その基本にあるのがニューラルネットワークやディープラーニングです。その考え方を知っておきましょう。

COLUMN 8

クラスタリングが必要な理由

機械学習の「教師なし学習」に該当する手法として，「クラスタリング」があります。これはデータをグループに分ける手法です。

身近な例として，写真アプリでの「人物ごとの顔の分類機能」があります。最近はスマートフォンの写真アプリでも，撮影された写真から，そこに写っている人物の顔で自動的に分類してくれます。例えば，iOSの写真アプリには「ピープル」という機能があります。このとき，写真アプリはそれが「誰」なのかは理解していません。あくまでも「同じ顔」の人を集めているだけです。

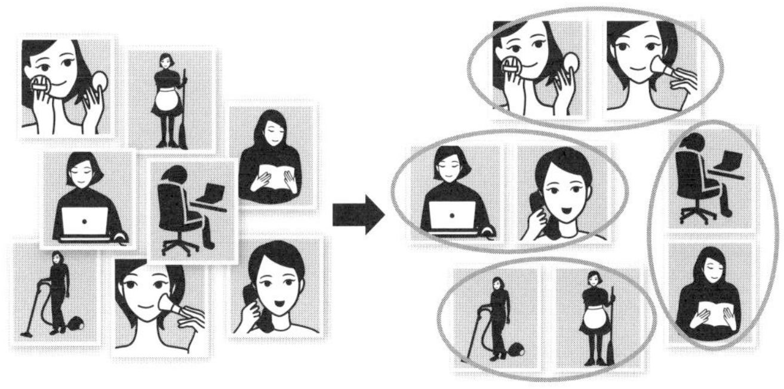

このように，データをたくさん入れるだけで，それぞれのデータの類似度にもとづいてグループを分けることができるのです。これが「クラスタリング」の特徴です。一般的に何かを分類する場合，それぞれのデータがどのグループに属するのかを示す正解を用意する必要がありますが，クラスタリングではその必要がありません。データの準備が容易になります。

クラスタリングの応用として，たくさんの購買履歴のデータをクラスタリングすることで商品の売れ行きを予測したり，営業担当者の成績をクラスタリングすることで成績の良い営業担当者が行っている施策から共通点を見つけたりすることが考えられます。

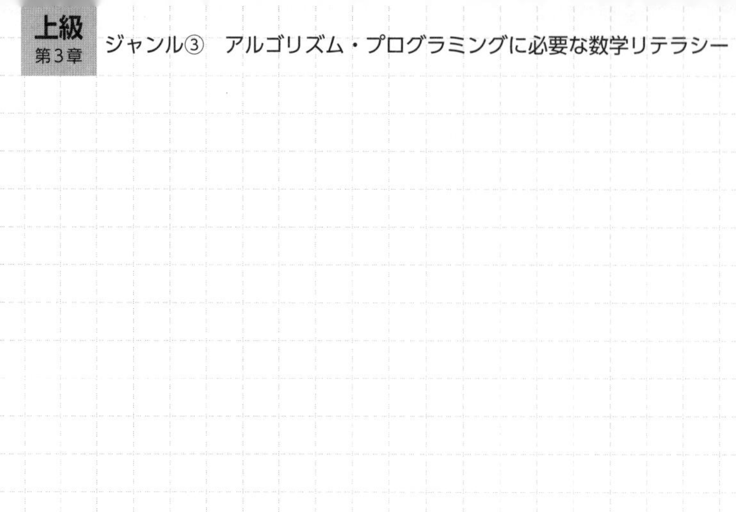

第4章

ジャンル④
ビジネスにおいて数学技能を活用する能力

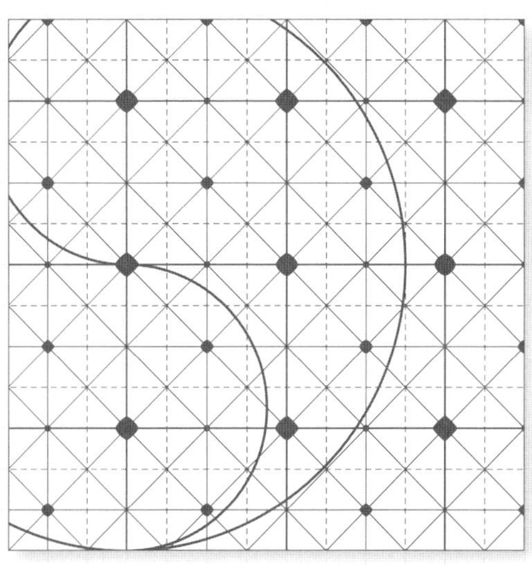

INTRODUCTION イントロダクション

ビジネススキル（ジャンル④）はなぜ必要か？

データ分析した結果をどのように活用していくのか，企業の課題や最新のビジネストレンドを把握しておくことで，ビジネス課題解決やビジネス機会を広げていくことができます。

そこで，当協会で開発したビジネス数学検定のコンテンツをベースに，

「把握力」，「分析力」，「選択力」，「予測力」，「表現力」

の５つの基本的なビジネス数学力を学びます。

さらに，

・最新ビジネストレンド知識（SNS・デジタルマーケティング，KPI　など）
・金融，経営学，マーケティング，経済学，行動経済学の基礎知識　など

を加えて，多様なビジネス課題を解決し，新たなビジネスチャンス創出へ結びつけるスキルを養います。

中級　出題範囲

- ビジネス数学検定３級～２級(※)　レベル

＋

- 最新ビジネストレンド知識（SNS・デジタルマーケティング，KPI　など）
- 金融，経営学，マーケティング，経済学，行動経済学の基礎知識　など

上級　出題範囲

- ビジネス数学検定２級～１級(※)　レベル

＋

- 最新ビジネストレンド知識（SNS・デジタルマーケティング，KPI　など）
- 金融，経営学，マーケティング，経済学，行動経済学の基礎知識　など

（※）参考

『<実践>ビジネス数学検定３級』（日経BP、2017年）

『<実践>ビジネス数学検定２級』（日経BP、2017年）

『ビジネスで使いこなす「定量・定性分析」大全』（日本実業出版社、2019年）

問題
71

有効求人倍率を求めよう！

A地区のハローワークでは，下表のような企業からの求人数と登録している求職者数の情報が得られています。

	当月分	前月からの繰り越し分
求人数（人）	3,035	537
求職者数（人）	2,356	352

A地区の有効求人倍率を次から選びなさい。

（1）0.76　（2）1.07　（3）1.29　（4）1.32　（5）1.53

考え方　有効求人倍率＝有効求人数÷有効求職者数で，単位は倍です。
前月からの繰り越し分も含めるようにしてください。

問題71の正解　(4)

解説

有効求人数とは，ハローワークにおける当月の新規求人数と前月から繰り越された人数の合計です。

また，有効求職者数とは，ハローワークにおける当月の新規求職者数と前月から繰り越された求職者数の合計です。

有効求人倍率=有効求人数÷有効求職者数

=（3,035+537）÷（2,356+352）

=3,572÷2,708

=1.32（倍）

ワンポイント

あわせて，完全失業率や労働人口比率の算出方法も知っていた方がよいでしょう。

$$完全失業率（\%）=\frac{完全失業者}{労働力人口}\times 100$$

$$労働力人口比率（\%）=\frac{労働力人口}{15歳以上人口}\times 100$$

15歳以上人口
- 労働力人口
  - 就業者
  - 完全失業者…仕事を探しているが就職できない人
- 非労働力人口

問題
72

最適な人材配置とは？

ある企業の人事課長であるKさんは，新人研修が終わったAさん，Bさん，Cさんの3人を製造部，営業部，総務部へ1人ずつ配属することを決めなければなりません。

研修を通して，3人のスキルや性格などから下表のような期待効果がデータとして得られました。

例えば，Aさんを製造部へ配属すれば，2の期待効果が得られることを示します。

	製造部	営業部	総務部
Aさん	2	5	3
Bさん	2	3	5
Cさん	3	2	5

さて，K課長が決定した最大の期待効果が得られる3人の職場配属を次から選びなさい。

(1) Aさんを製造部，Bさんを営業部，Cさんを総務部へ配属する。
(2) Aさんを営業部，Bさんを製造部，Cさんを総務部へ配属する。
(3) Aさんを営業部，Bさんを総務部，Cさんを製造部へ配属する。
(4) Aさんを総務部，Bさんを製造部，Cさんを営業部へ配属する。
(5) Aさんを総務部，Bさんを営業部，Cさんを製造部へ配属する。

考え方　選択肢で配属した場合の期待効果を順番に調べてください。

問題72の正解　(3)

選択肢で配属したときの期待効果をそれぞれ求めると，

(1) 2+3+5=10

(2) 5+2+5=12

(3) 5+5+3=13　☜最も大きい

(4) 3+2+2=7

(5) 3+3+3=9

よって，(3) が最も大きい期待効果が得られます。

ワンポイント

A さんを営業部，B さんを総務部，C さんも総務部であれば，期待効果は最大15 となりますが，各部に1人ずつの配属なので，これは実現できません。

そこで，A さんを営業部として，B さんを総務部とする (3) とA さんを営業部，C さんを総務部とする (2) が考えられますが，(3) の方が期待効果が高いので，正解は (3) となります。

問題 73

在庫は適正な量が鉄則！

安全在庫とは，需要変動や不良品の発生などの不測の事態が起こっても部品切れが起こらないようにする一定数量の在庫のことです。
安全在庫は，以下のように計算できます。

$$安全在庫 = 安全係数 \times 使用量の標準偏差 \times \sqrt{調達期間}$$

安全係数とは，許容できる欠品率（すなわち欠品許容率）によって決まる係数で，使用量の標準偏差はバラツキが大きいほど部品切れの可能性が高くなるので，安全在庫はそれに比例します。
下表に，F社で在庫している主要な3部品A，B，Cに関するデータを示します。
なお，安全係数は3つの部品とも欠品許容率を5%としており，つまり100回中5回までの欠品は許せるとします。

部品名	安全係数	標準偏差（個）	調達期間（日）
A	1.65	20	11
B	1.65	12	15
C	1.65	16	14

さて，3部品A，B，Cの安全在庫を大きい順に左から並べたとき，正しいものを次から選びなさい。

(1) A，C，B　(2) A，B，C　(3) B，C，A
(4) B，A，C　(5) C，B，A

考え方　問題文で説明があるように，3つの部品A，B，Cに対して
$安全在庫 = 安全係数 \times 使用量の標準偏差 \times \sqrt{調達期間}$
を求め，大きい順に並べてみましょう。

問題73の正解　(1)

解説

安全在庫を求めると,

部品A　…　$1.65 \times 20 \times \sqrt{11} = 109.4$個　☜1番目

部品B　…　$1.65 \times 12 \times \sqrt{15} = 76.7$個　☜3番目

部品C　…　$1.65 \times 16 \times \sqrt{14} = 98.8$個　☜2番目

となって，A＞C＞B

ワンポイント

安全在庫を多く持つと部品切れのリスクは減りますが，過剰在庫を持つ可能性が高くなって，在庫のムダや管理費の増大となります。
逆に少なすぎると，部品切れにより生産ラインの停止の可能性が高くなります。
つまり，適正な在庫量を確保する必要があるわけです。
また，定期発注方式や定量発注方式，経済的発注量についても知っておいた方がよいでしょう。

問題 74

需要曲線のグラフを選ぼう！

一般的に商品の価格 p 円が高くなると，商品の数量 q 個は減少する傾向があります。この傾向を表すグラフを需要曲線（直線も含む）といいます。

以下に6個（①〜⑥）の式を示します。

① $q=3p$　② $q=500-0.2p$　③ $q=\frac{1}{4}p^2$

④ $q=\frac{1000}{p}$　⑤ $q=5p+100$　⑥ $q=-\frac{1}{2}p^2$

この6個（①〜⑥）の式で需要曲線を表すものはいくつあるか，次から選びなさい。ただし，価格 $p>0$，需要 $q>0$ とします。

（1）1個　（2）2個　（3）3個　（4）4個　（5）5個

考え方　価格 p が増加すれば，数量 q が減少する傾向を表し，逆に価格 p が減少すれば，数量 q が増加する傾向を表す需要曲線を選びます。すなわち，$p>0$　$q>0$ で，q が単調に減少する関数を選べばよいことになります。

問題74の正解　(2)

解説

① p が増加すれば q も増加する（p，q は比例の関係）なので
需要曲線ではありません（むしろ供給曲線です）。

② p が増加すれば q は減少する（q は p の1次関数，傾きは負）なので
需要曲線です。☜正解

③ p が増加すれば q も増加するので
需要曲線ではありません（むしろ供給曲線です）。

④ p が増加すれば q は減少する（p，q は反比例の関係）なので
需要曲線です。☜正解

⑤ p が増加すれば q も増加するので，需要曲線ではありません。

⑥ p が増加すれば q は減少しますが，q は負になってしまうので
これは需要曲線を表しません。

以上より，②と④の2個の式が需要曲線です。

ワンポイント

需要曲線のパターンは，左図に示すように縦軸に数量 q，横軸を p とすれば，一般的には右下がりの直線（曲線）になります。
$p>0$, $q>0$ に注意してください。
なお，経済学では右図に示すような縦軸に価格 p，横軸が数量 q で表すのが慣例です。

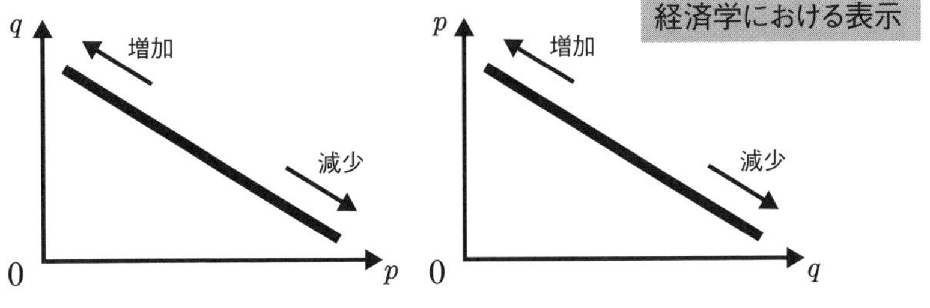

問題
75

投資の意思決定の重要指標ー現在価値をマスターしよう！

企業Nはある特許ライセンスによって，キャッシュがn年後（$n \geqq 1$）に毎年C_n円ずつ永久に入り続ける状況になっています。この場合，現在価値PV（Present Value）は割引率rとしたとき，次のように計算できます。

$$\mathrm{PV} = \frac{C_1}{1+r} + \frac{C_2}{(1+r)^2} + \frac{C_3}{(1+r)^3} + \cdots + \frac{C_n}{(1+r)^n} + \cdots$$

ただし，キャッシュフローC_n　$(n=1,2,3,\cdots)$は一定額の100万円，割引率rを5%とした場合の現在価値を次から選びなさい。

（1）105万円　（2）2,000万円　（3）2,500万円
（4）3,200万円　（5）無限大（万円）

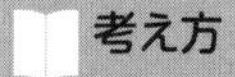
考え方

数学的には無限級数の和を求めることになります。
C_n　$(n=1,2,3,\cdots)$ = 1000万円と一定値なので，級数の和は収束することが分かるでしょう。

問題75の正解　(2)

解説

$n = 1, 2, 3, \cdots$ のとき，$C_n = C$（一定額）として

$$PV = \frac{C}{1+r} + \frac{C}{(1+r)^2} + \frac{C}{(1+r)^3} + \cdot\cdot\cdot\cdot + \frac{C}{(1+r)^n} + \cdot\cdot\cdot$$

$$= \frac{C}{1+r} \cdot \frac{1+r}{r} = \frac{C}{r} \qquad \cdots ①$$

①に $C = 100$ 万円，$r = 0.05$ を代入して，

現在価値 $PV = \frac{100\text{万円}}{0.05} = 2{,}000$万円が求められます。

ワンポイント

◎①の導出

$$\mathrm{PV}=\frac{C}{1+r}+\frac{C}{(1+r)^2}+\frac{C}{(1+r)^3}+\cdots+\frac{C}{(1+r)^n}+\cdots$$

$$=\frac{C}{1+r}\left(1+\frac{1}{1+r}+\frac{1}{(1+r)^2}+\cdots\right)$$

PV は初項 $\frac{C}{1+r}$，公比 $\frac{1}{1+r}$ の無限等比級数なので

公比は，$0<\frac{1}{1+r}<1$ よりPV は収束します。

よって，

$$\mathrm{PV}=\frac{C}{1+r}\cdot\frac{1}{1-\frac{1}{1+r}}=\frac{C}{1+r}\cdot\frac{1+r}{r}=\frac{C}{r}$$ となります。

その他，キャッシュフロー $C_n=C(1+g)^{n-1}$ と一定の成長率 $g(>0)$ で増大する場合や，キャッシュフロー C_n が永久に入り続けるのではなく，一定（有限）期間だけ入る場合も調べてみてください。

◎現在価値とは

例えば，n 年後に C_n 円のお金が入ってくる場合，金利を r とすれば

現在価値 $\mathrm{PV}=\frac{C_n}{(1+r)^n}$ に換算できます。一般的に $\frac{1}{(1+r)^n}<1$ なので

$\mathrm{PV}<C_n$ と現在価値が小さくなります。例えば，$n=5$，$C_n=100$ 万円，

$r=0.03$ とすれば

$$\mathrm{PV}=\frac{100}{(1+0.03)^5}\fallingdotseq 86万3000円$$ となります。

これは5年後の100万円は現在価値では86万円程度に価値が下がるので，将来入る100万円よりも現在の100万円の方が，価値が高いという考え方ができます。

問題
76

認証システムにおける設定パスワードの個数は？

ある認証システムではパスワードの入力が必要です。
このパスワードは0から9までの10個の数を使った4桁とします。
このパスワードで設定できるパスワードの個数を次から選びなさい。

（1）210個　（2）9,999個　（3）10,000個
（4）10,001個　（5）21,000個

考え方　0000から9999まで設定できると考えれば，即，解答できるでしょう。

問題76の正解　（3）

解説

0000～9999までの1万個です。
これは，各桁は0から9までの10通りなので，
$10 \times 10 \times 10 \times 10 = 10^4 = 10{,}000$ と考えても結構です。

ワンポイント

一般的にパスワードに使用できる文字の種類を M 個，パスワードの文字数（桁数）を n とするとき，設定できるパスワードの総数は，

$$\underbrace{M \times M \times \cdots \times M}_{n} = M^n$$

になります。本問では，$M=10$，$n=4$ の場合です。

問題 77

3つの製品を製造コストの低い順に並べると

電子機器メーカーR社の主要製品X，Y，Zの部品は3種類のモジュールA，B，Cから構成されています。
3種類のモジュールA，B，Cの1個当たりの製造コストはそれぞれ，4.5万円，6万円，5万円です。製品X，Y，Zのモジュール構成は下表で示されています。例えば，製品Xは，モジュールAは4個，モジュールBは2個，モジュールCは3個から構成されています。

	モジュールA	モジュールB	モジュールC
製品X	4個	2個	3個
製品Y	6個	3個	1個
製品Z	2個	4個	4個

製造コストの低い順に製品X，Y，Zを左から並べたものを次から選びなさい。

(1) Y，Z，X　(2) X，Y，Z　(3) X，Z，Y
(4) Z，X，Y　(5) Z，Y，X

考え方　3種類のモジュールA，B，Cの1個あたりの製造コストがわかり，製品X，Y，Zのモジュール構成数も与えられているので，製品ごとの製造コストが計算できます。

問題77の正解　(2)

解説

X … 4.5×4＋6×2＋5×3＝18＋12＋15＝45万円 ☜最も低い
Y … 4.5×6＋6×3＋5×1＝27＋18＋5＝50万円 ☜2番目に低い
Z … 4.5×2＋6×4＋5×4＝9＋24＋20＝53万円 ☜最も高い

ワンポイント

製品製造コスト＝$\sum_{A,B,C}$（モジュール単価×モジュール構成数）で計算できます。

問題 78

需要の価格弾性率を求めよう！

価格が p，需要が q の商品が，価格が p' になったとき需要が q' になったとします。

このとき，商品の需要の価格弾力性は，以下のように計算できます。

$$\text{需要の価格弾力性} = -\left(\frac{q'-q}{q}\right) \div \left(\frac{p'-p}{p}\right) = -\frac{p}{q} \cdot \frac{q'-q}{p'-p}$$

さてV社の商品A の価格は1,000円で，一日当たりの需要量は7, 000個です。商品A の価格を800円に下げたところ，一日当たりの需要量は10,000個に増加しました。この商品A の需要の価格弾力性を次から選びなさい。

（1）−2.14　（2）0.01　（3）2.14

（4）11.7　（5）105.0

考え方 需要の価格弾力性を求める式が問題文に与えられているので，式に値を間違わずに代入すれば，正解が得られます。

問題78の正解　(3)

解説

価格が $p \to p'$ に変化させるとき，需要が $q \to q'$ に変化するとき

10,00円 → 800円　　　　7,000個 → 10,000個　なので

$p = 1000$円，$p' = 800$円，また $q = 7000$，$q' = 10,000$ を代入すれば，

需要の価格弾力性 $= -\dfrac{p}{q} \cdot \dfrac{q' - q}{p' - p}$

$$= -\frac{1000}{7000} \times \frac{10000 - 7000}{800 - 1000} = -\frac{1}{7} \times \frac{3000}{(-200)} = \frac{15}{7} = 2.142\cdots$$

ワンポイント

価格の変化量 $dp = p' - p$，それに対応した需要の変化量 $dq = q' - q$ とするとき，

需要の価格弾力性 $= -\dfrac{dq}{q} \div \dfrac{dp}{p} = -\dfrac{\frac{dq}{q}}{\frac{dp}{p}}$ とも表せます。

つまり，価格の変化率に対する需要量の変化率の比を表し，

需要の価格弾力性 $= -\dfrac{p}{q}\dfrac{dq}{dp}$ と，数学では微分の表記で表すこともできます。

通常，価格が上昇すれば，$dp = p' - p > 0$ で需要量は減少するので，$dq = q' - q < 0$ ですが，上式でマイナス（−）が入っているので需要の価格弾力性の値がプラス（+）になるようにしています。

つまり，選択肢 (1) は即，除外できます。

問題
79

あなたも店長！ 最大利益が出るラーメン一杯の値段は？

Aさんはラーメン店を新規オープンさせる計画をもっており，ラーメン1杯の値段をいくらに設定するかを検討しています。

ラーメン1杯を作る費用は人件費などを含めて400円で，ラーメン1杯の値段を p とするとラーメンが1日で売れる数量は，$600-0.5p$ と見積もられています。

Aさんは利益を最大にするラーメン1杯の値段 p をいくらに設定すべきでしょうか。またその値段で得られる1日当たりの最大利益との組合せを次から選びなさい。

	ラーメン1杯の値段（円）	1日当たりの最大利益（円）
(1)	650	65,000
(2)	700	75,000
(3)	800	80,000
(4)	850	90,000
(5)	900	125,000

考え方 利益＝ラーメンの売上高 －費用　で求められます。

問題79の正解　(3)

1日当たりの，
ラーメンの売上高（円）は，$p(600-0.5p)$
費用（円）は，$400(600-0.5p)$ より
1日当たりの利益は，$p(600-0.5p)-400(600-0.5p)$ で計算できます。

$$
\begin{aligned}
\text{利益} &= p(600-0.5p)-400(600-0.5p)\\
&= -0.5p^2+800p-240000\\
&= -0.5(p^2-1600p)-240000\\
&= -0.5(p^2-1600p+800^2-800^2)-240000\\
&= -0.5(p-800)^2+80000
\end{aligned}
$$

すなわち，$p=800$円の時，最大利益は80,000円となります。

ワンポイント

ラーメンが1日で売れる数量は，$600-0.5p$ より

$$600-0.5p>0$$

すなわち，$0<p<1200$（円）の範囲となります。
最大利益が出るラーメン一杯の値段が $p=800$ 円で，この範囲を満たしているので問題ありません。

本問では，2次関数の頂点の座標を求める計算，すなわち平方完成を行います。
2次関数のグラフを，右図に示します。

利益（円）
最大利益
80000
60000
40000
20000
0
200
400
600
800円
1000
1200
ラーメン一杯の値段（円）
p

問題
80

効用関数を微分すると新しい情報が！

効用関数 $U(x)$ に対し，$a(x)=-\dfrac{U''(x)}{U'(x)}$ を絶対的リスク回避係数，

$\mu(x)=-\dfrac{xU''(x)}{U'(x)}$ を相対的リスク回避係数といいます。

ここで，$U'(x)$，$U''(x)$ はそれぞれ $U(x)$ の第1次，第2次の導関数を表します。

$U(x)=\log_e x$ に対して，係数 $a(x)$ と $\mu(x)$ を次から選びなさい。
ただし，e は自然対数の底を表します。

(1) $a(x)=\dfrac{1}{x}$, $\mu(x)=1$

(2) $a(x)=1$, $\mu(x)=\dfrac{1}{x}$

(3) $a(x)=-\dfrac{1}{x}$, $\mu(x)=1$

(4) $a(x)=\dfrac{1}{x^2}$, $\mu(x)=\dfrac{1}{x}$

(5) $a(x)=-\dfrac{1}{x^2}$, $\mu(x)=-\dfrac{1}{x}$

考え方 効用関数 $U(x)$ の導関数（第 1 次と第 2 次）を正確に求めてください。
$\mu(x)=x\cdot a(x)$ の関係があります。

問題80の正解　(1)

解説

$U'(x)=\dfrac{1}{x}$, $U''(x)=-\dfrac{1}{x^2}$ (<0) より

$$a(x)=-\left(-\frac{1}{x^2}\right)\div\frac{1}{x}=\frac{1}{x}\quad(>0)$$

$\mu(x)=x\cdot a(x)=1$ が得られます。

ワンポイント

・ある物品（財や富）を x （>0）購入する場合，
その物品から得られる効用（嬉しさや満足の程度）を数値に置き換えた関数 $U(x)$ を効用関数といいます
効用関数 $U(x)$ は一般的に単調増加な連続関数となって，すなわち $U'(x)>0$ です。
リスク愛好的な効用関数は $U''(x)>0$ となって，下に凸の形状をもちます。
リスク回避的な効用関数は $U''(x)<0$ となり，上に凸（x の増加に対してお辞儀をするような）形状をもちます。また，リスク中立的な効用関数は $U''(x)=0$ です。

例えば効用関数 $U(x)=\log_e x$ （$x>0$）に対し，
$U'(x)=\dfrac{1}{x}(>0)$， $U''(x)=-\dfrac{1}{x^2}(<0)$ より， $U(x)=\log_e x$ はリスク回避的です。
また， $U(x)=e^x$ （$x>0$）では， $U'(x)=U''(x)=e^x(>0)$ で，リスク愛好的です。

・リスク愛好的，リスク中立的，リスク回避的な効用関数のグラフの概形を下図に示します。
リスク愛好的な効用関数は，財や富（x）が増加するほど，嬉しさや満足の程度がどんどん増して（ヒートアップ）していき，リスクを好むようなイメージです。
リスク回避的な効用関数は，財や富（x）が増加するほど，嬉しさや満足の程度が頭打ちになってリスクを避けるイメージです。
リスク中立的な効用関数は，リスク愛好的とリスク回避的なパターンの中間です。

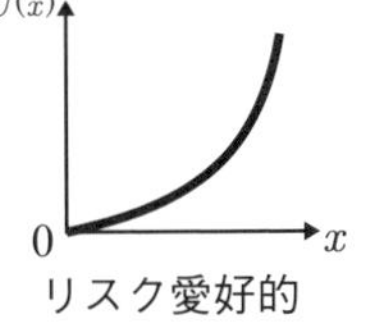

リスク愛好的

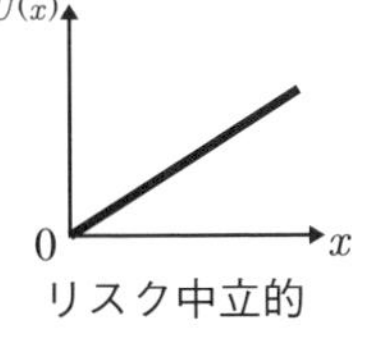

リスク中立的

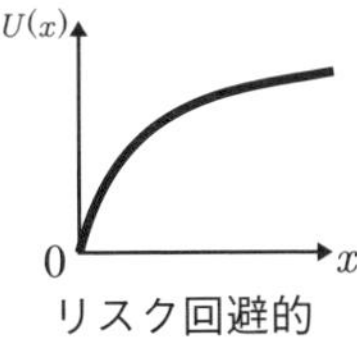

リスク回避的

・絶対的リスク回避係数は，効用関数 $U(x)$ の第2次導関数を第1次導関数で割って，負の符号をつけたもの。リスク回避的な場合 $U'(x)>0$， $U''(x)<0$ より絶対的リスク回避係数は正（非負）の値となって，投資家がリスクをどれだけ避けたいと考えているかを数値化したものです。
相対的リスク回避係数は，絶対的リスク係数の値に，保有する財や富 x をかけた値となります。

COLUMN 9

アソシエーション分析での指標とは

オンラインショッピングをしていると，「この商品を買っている人はこの商品も買っています」という表示が出ることがあります。これは，複数の商品間の売上データなどをもとに，その関連性を分析する「アソシエーション分析」という手法が使われています。同時に購入されやすい（一緒にカゴに入れられる）という意味で，「マーケットバスケット分析」と呼ばれることもあります。

アソシエーション分析では，データ同士の関係性を比べるために，様々な指標が用いられます。例えば，ある商品A と商品B が同時に購入されているかを考えるとき，表に示すような指標があります。これらの指標を使うことで，オンラインショッピングサイトだけでなく，実際の店頭でも商品を近くに並べたり，チラシで案内したり，といった工夫が可能になるのです。なお，これらの指標はいずれか1 つだけを使うのではなく，複数の指標を確認して総合的に判断することが必要です。

指標	計算式	内容
支持度	$\dfrac{\text{同時購入者数}}{\text{全体の購入者数}}$	すべての購入者のうち、商品A と商品B を両方とも購入した顧客の割合
信頼度（確信度）	$\dfrac{\text{同時購入者数}}{\text{商品A の購入者数}}$	商品A の購入者のうち、商品B も購入した顧客の割合
期待信頼度	$\dfrac{\text{商品B の購入者数}}{\text{全体の購入者数}}$	すべての購入者のうち、商品B を購入した顧客の割合
リフト値	$\dfrac{\text{信頼度}}{\text{期待信頼度}}$	信頼度と期待信頼度の比率で、商品B が単独で買われるのか、商品A と一緒に買われるのかを示す

COLUMN 10

ソートなどのアルゴリズムを学ぶ理由

プログラミングを学ぶときに教科書などで必ずといっていいほど登場するのが「アルゴリズム」です。アルゴリズムとは，ある処理をする際の処理の順番であり，この巧拙によってプログラムの処理速度が大きく変わってくるのです。

アルゴリズムの定番として解説されるのがソート（並べ替え）です。ソートとは，次のようなデータが与えられたときに，これを昇順（もしくは降順）に並べ替えることです。例えば，一番小さい数を選んで左端と交換する，次は2番目に小さい数を選んで左から2番目と交換する，という作業を繰り返す方法が考えられます。こうした方法は「選択ソート」と呼ばれます。

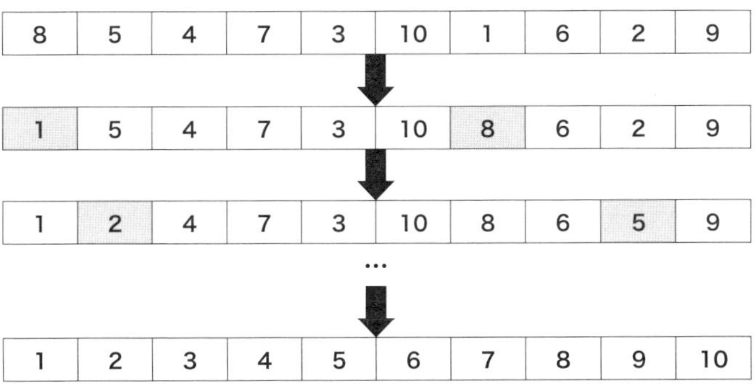

その他にも，挿入ソート，バブルソート，クイックソート，マージソートなど多くのアルゴリズムがよく知られていて，クイックソートなどを使えば高速に処理できることを学びます。

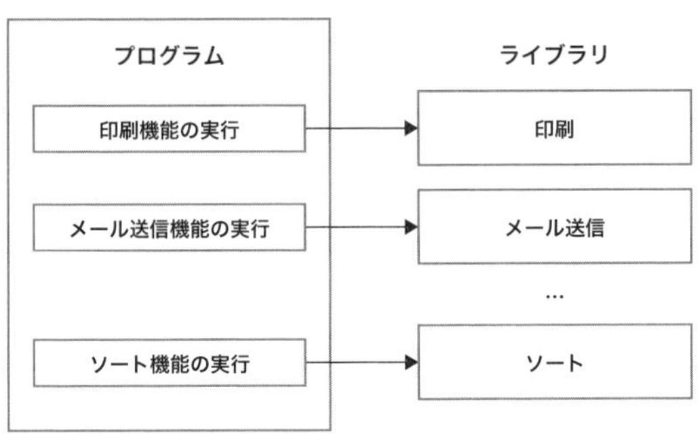

ただし，ソートなどのアルゴリズムを学んでも，図のように数値データを対象としたソートプログラムをつくることは多くはありません。なぜなら，頻繁に使うプログラムは「ライブラリ」として実装されたものが用意されているので，それを使えばいいからです。ソートの場合，「sort」という処理を呼び出すだけで，高速にソートを実行できるのです。

ではなぜアルゴリズムを学ぶのでしょうか。しかも，学ぶのは最も高速な手法だけでなく，基本的な手法も学びます。ソートなら「クイックソート」だけでなく「選択ソート」なども学ぶのです。理由は，ライブラリで用意されているのは，対象データが数値などに限られるからです。実際にプログラムを作成する際，並べ替える対象は様々で，ライブラリを使えないが並び替え処理はたくさん登場するのです。例えば，選択ソートと似たような処理を実装している箇所を見つけたとします。ソートのアルゴリズムを知らなければ，おそらく正しく並び替えをすることだけを考えてしまいます。アルゴリズムを知っていれば「クイックソートを使えば高速に処理できる」と気付くことができます。もし処理速度が遅いという問題を抱えていたら，この部分を作り直すだけで問題が解決するかもしれません。

データサイエンス数学ストラテジスト 用語一覧

用語	よみかた	説明
アダムズ方式	あだむずほうしき	衆議院などで議席数を決めるときなどに使われる計算方式。各都道府県の人口を「ある同じ整数」で割ったときに、その答えの合計が全国の議席数と同一になるように、割る値を調整する計算方式（答えが小数になる場合は切り上げ）
アルゴリズム	あるごりずむ	コンピューターに行わせる計算の手順、やり方。同じ結果を出すのであれば、より速く、より効率よく計算できるアルゴリズムが優れているといえる
アンサンブル学習	あんさんぶるがくしゅう	簡単にいえば多数決をとる方法であり、個々に別々の学習器として学習させたものを融合させ、未学習のデータに対しての予測能力を向上させる学習手法
重み	おもみ	情報の重要度や関係性を表す指標。特定の個体ごとに設定する
回帰	かいき	教師あり学習の一つ。連続値を扱い、過去から未来にかけての値やトレンドを予測
回帰直線	かいきちょくせん	データの分布傾向を表す直線
回帰分析	かいきぶんせき	結果となる数値（被説明変数）と要因となる数値（説明変数）の関係を明らかにする統計的手法。説明変数が 1 つの場合を単回帰分析、複数の場合を重回帰分析という
階層的クラスタ分析	かいそうてきくらすたぶんせき	個体間のユークリッド距離（2 点間の直線距離）の近さを類似度の高さとし、類似度の高い順に集めてクラスタ（似ている性質どうしの集まり）を作っていく手法
過学習	かがくしゅう	学習データに対して十分学習されているが、未知のデータに対して適合できていない状態を示す
学習データ	がくしゅうでーた	学習（訓練）するためのデータのこと
確信度	かくしんど	マーケットバスケット分析の一用語。商品A購入者のうち商品 B も同時に購入する顧客の割合。確信度＝同時購入者数÷商品 A購入者数 で計算できる
確率統計	かくりつとうけい	確率や確率分布の概念の理解、統計的な見方・考え方に関する能力を伸ばすことを目的とした分野。データの平均値・散らばり具合から、対象データの特徴・傾向を掴み、未来の可能性を推測する
活性化関数	かっせいかかんすう	人工ニューロン（神経細胞）において、出力値を決定する関数
偽陰性（False Negative）	ぎいんせい	真の値が Yes のデータを誤って No と判別した数。検査の場合は、罹患者を誤って陰性と判別した数
機械学習	きかいがくしゅう	物事の分類や予測を行う規則を自動的に構築する技術
基数	きすう	n進法のnのこと。例として、十進法での基数は 10、二進法での基数は 2

用語	よみかた	説明
逆ポーランド記法	ぎゃくぽーらんどきほう	演算子（＋×など）を被演算子の後ろに書いていく記法。コンピューターに計算を指示する場合に都合が良い
教師あり学習	きょうしありがくしゅう	機械学習において、学習データに正解を与えた状態で学習させる手法
教師なし学習	きょうしなしがくしゅう	学習データに正解を与えない状態で学習させる手法。入力されたデータを観察し、含まれる構造を分析することを目的とする
偽陽性（False Positive）	ぎようせい	真の値が No のデータを誤って Yes と判別した数。検査の場合は、非罹患者を誤って陽性と判別した数
偶数パリティ	ぐうすうぱりてぃ	データを２進数で表現したときに、データ全体で常に１の数が偶数になるようにパリティビットを付加する方式。１の数が奇数ならパリティビット「１」を付加し、偶数ならパリティビット「０」を付加することで、１箇所だけデータが変わってしまった場合に誤りを検出できる
クラス	くらす	人間が事前に決めておくグループであり、各グループは最初から意味づけされている
クラスタ	くらすた	類似性の高い性質を持つものの集まり。類似しているものを集めた結果としてできるグループであり、各グループの意味は後から解釈する
クラスタリング（クラスタ分析）	くらすたりんぐ	異なる性質のものが混ざり合った集団から、類似性の高い性質を持つものを集め、クラスタを作る手法。意味づけは後から行う。教師なし学習に位置づけられる
クラス分類	くらすぶんるい	様々な対象をある決まったグループ（クラス）に分けること。教師あり学習に位置づけられる
計算量オーダー	けいさんりょうおーだー	入力サイズの増加に対し、無限大など極限に飛ばした際、処理時間がおおよそどの程度のスピードで増加するかを表す指標。アルゴリズムの計算効率や問題の難しさを測る尺度。
桁落ち	けたおち	非常に近い大きさの小数どうしで減算を行った際、有効数字が減ってしまう現象
決定木	けっていぎ	ツリー（樹形図）によってデータを分析する手法。統計や機械学習などさまざまな分野で用いられる
検証データ	けんしょうでーた	学習時には未知のテストデータのこと
勾配降下法	こうばいこうかほう	関数上の点を少しずつ動かして関数の傾き（勾配）が適切になる点を探索する手法。損失関数などで利用される
コサイン類似度	こさいんるいじど	ベクトルどうしの成す角度で類似度を表す指標
混同行列	こんどうぎょうれつ	合格・不合格、Yes・No などの２値分類問題において、真の値と予測値の分類を縦横にまとめたマトリックス表
再帰型ニューラルネットワーク	さいきがたにゅーらるねっとわーく	RNN（Recurrent Neural Network）ともいう。ニューラルネットワークを拡張し、ある時間の経過とともに値が変化していくような時系列データを扱えるようにしたもの

用語	よみかた	説明
識別関数	しきべつかんすう	入力値に対し、所属するグループを示す関数
次元削減	じげんさくげん	多次元の情報を意味を保ったまま、より少ない次元に落とし込むこと
主成分分析	しゅせいぶんぶんせき	多変数を少数項目に置き換え、データを解釈しやすくする手法
順伝播型ニューラルネットワーク	じゅんでんぱがたにゅーらるねっとわーく	情報を入力側から出力側に一方向に伝搬させていくニューラルネットワーク
真陰性（True Negative）	しんいんせい	真の値がNoのデータを正しくNoと判別した数。検査の場合は、非罹患者を正しく陰性と判別した数
人工ニューロン	じんこうにゅーろん	人間の脳神経回路を真似た学習モデル
深層学習	しんそうがくしゅう	ディープラーニングともいう。ニューラルネットワークを多層に結合して表現・学習能力を高めた機械学習の一手法
真陽性（True Positive）	しんようせい	真の値がYesのデータを正しくYesと判別した数。検査の場合は、罹患者を正しく陽性と判別した数
ステップ数	すてっぷすう	処理を行っているソースコードの行数のこと。コンピュータープログラムの規模を測る指標の一つで、見積もりや進捗管理などに用いられる
ストライド	すとらいど	フィルタをずらしていく際の移動距離
ゼロパディング	ぜろぱでぃんぐ	ゼロ埋めともいう。書式で指定された桁数に満たない場合に、桁数をそろえるための0（ゼロ）を付加すること。画像処理の場合は、元の画像の周囲に値が0の領域を確保すること
線形代数	せんけいだいすう	代数学の一分野であり、ベクトル、行列を含む。ビッグデータを解析するために、縦横の表形式を分類・整理、低次元に圧縮し、法則性・パターンを導き出す
損失関数	そんしつかんすう	誤差関数ともいう。正解値とモデルにより出力された予測値とのズレの大きさ（損失）を計算するための関数。この損失の値を最小化することで、機械学習モデルを最適化する
畳み込み演算	たたみこみえんざん	主に画像処理などでフィルタをかけて特徴を抽出する演算処理
畳み込みニューラルネットワーク	たたみこみにゅーらるねっとわーく	CNN（Convolutional Neural Network）ともいう。何段もの深い層を持つニューラルネットワークで、特に画像認識の分野で優れた性能を発揮する
チャネル（チャンネル）	ちゃねる	ピクセルにおけるデータサイズを表す。RGBデータであれば色を表すチャネル（カラーチャネル）が3つあることを示す。グレースケールの場合はチャネル数1。色以外のデータを表すケースもある

用語	よみかた	説明
TF-IDF	てぃーえふあいでぃーえふ	文書における単語の重要度を測る。TF（Term Frequency）は文書内での単語の出現頻度を、IDF（Inverse Document Frequency）は、文書集合におけるある単語が含まれる文書の割合の逆数、つまり単語のレア度を示す
ディープラーニング	でぃーぷらーにんぐ	深層学習を参照
データマイニング	でーたまいにんぐ	データの中から有益な情報を得る手法であり、人間の意思決定をサポートするもの。データマイニングの手段として、機械学習を取り入れるケースもある
特徴量	とくちょうりょう	対象の特徴を数値化したもの。人間を例にとると、身長や体重、年齢などがこれにあたる
ナップザック問題	なっぷざっくもんだい	ナップザックの中にいくつかの品物を詰め込み、品物の総価値を最大にする種類の問題。ただし，入れた品物のサイズの総和がナップザックの容量を超えてはいけないという条件がある
ニューラルネットワーク	にゅーらるねっとわーく	脳の神経回路の一部を模した数理モデル、または、パーセプトロンを複数組み合わせたものの総称
パーセプトロン	ぱーせぷとろん	人工ニューロンの一種であり、入力値と重みの内積（掛け合わせ）とバイアスの和で計算し、0か1を出力する学習モデルのこと
バイアス	ばいあす	値を偏らせるために全体に同じ値を付加する際に用いる
ハミング符号	はみんぐふごう	通信中に発生したデータの誤りを訂正できる手法
パリティビット	ぱりてぃびっと	通信中にデータの誤りが発生していないかをチェックする手法
微分積分	びぶんせきぶん	解析学の基本的な部分を形成する数学の分野の一つ。局所的な変化を捉える微分と局所的な量の大域的な集積を扱う積分から成る。データ分析の精度を高めるために、関数を用いて、誤差を限りなく小さく抑える
フィルタ	ふぃるた	画像データから特徴量を抽出・計算のためのマトリックス
プログラミング的思考	ぷろぐらみんぐてきしこう	コンピュータープログラミングの概念に基づいた問題解決型の思考
プログラム	ぷろぐらむ	コンピューターに行わせる処理を順序立てて記述したもの
分類	ぶんるい	教師あり学習の一つ。あるデータがどのクラス（グループ）に属するかを予測
平均二乗誤差	へいきんにじょうごさ	MSE（Mean Squared Error）ともいう。各データの予測値と正解値の差（誤差）の二乗の総和を、データ数で割った値（平均値）であり、予測値のズレがどの程度あるかを示すもの
マーケットバスケット分析	まーけっとばすけっとぶんせき	購買データの分析により一緒に購入されやすい商品を明らかにするデータマイニングの代表的な手法

用語	よみかた	説明
ユークリッド距離	ゆーくりっどきょり	（定規で測るような）2点間の直線距離のこと
ランダムフォレスト	らんだむふぉれすと	決定木をたくさん集めたものであり、特徴として、決定木がベースのため分析結果の説明が容易な点や、各決定木の並列処理により高速計算が可能な点などが挙げられる
リフト値	りふとち	マーケットバスケット分析の一用語。ある商品の購買が他の商品の購買とどの程度相関しているかを示す指標。商品Bを購入する割合に対する確信度の割合であり、リフト値＝確信度÷（顧客全員のうち）商品Bを購入する割合 で計算できる
ReLU	れる	Rectified Linear Unit：正規化線形関数、ランプ関数ともいう。入力値が0以下の場合は常に0を、入力値が0より大きい場合は入力値と同じ値を出力。ランプ（ramp）とは、高速道路に入るための上り坂（傾斜路）のこと

参考文献

『＜実践＞ビジネス数学検定３級』（日経BP、2017年）
『＜実践＞ビジネス数学検定２級』（日経BP、2017年）
『ビジネスで使いこなす「定量・定性分析」大全』（日本実業出版社、2019年）

データサイエンス数学ストラテジスト
上級 公式問題集

2021年9月6日　第1版第1刷発行
2023年3月2日　　　　第2刷発行

著　　者　公益財団法人 日本数学検定協会
発 行 者　小向 将弘
発　　行　株式会社日経BP
発　　売　株式会社日経BPマーケティング
　　　　　〒105-8308　東京都港区虎ノ門4-3-12
装　　丁　bookwall
制　　作　マップス
編　　集　松山 貴之
印刷・製本　図書印刷

Printed in Japan
ISBN978-4-296-10989-0

本書籍に関するお問い合わせ、ご連絡は下記にて承ります。
https://nkbp.jp/booksQA